U0814641

讲案例学技能

避雷器故障检测与处理
典型案例

主编　刘兴华

中国电力出版社
CHINA ELECTRIC POWER PRESS

内 容 提 要

《讲案例学技能》系列立足变电站运维检修工作实践，选取日常遇到的典型故障加以分析，总结经验，以助技术人员提前发现并消除隐患，提高运维能力。

本书是其中一本，选取220kV及以下的避雷器运维工作中的29个典型案例，按类型分为避雷器例行试验异常、发热异常、阻性电流带电检测，GIS内置避雷器异常及其他异常案例五篇。每个案例包括案例经过、检测分析、隐患处理、总结体会等部分，有翔实数据记录和照片资料、故障分析排查处理过程。通过案例讲授实用技能是本书的特色之一。

本书可供变电站运维、检修、试验等专业的技术人员阅读使用，也可供变电站相关设备生产制造等技术人员阅读。

图书在版编目（CIP）数据

避雷器故障检测与处理典型案例/刘兴华主编. —北京：中国电力出版社，2020.6
（讲案例学技能）
ISBN 978-7-5198-4197-3

Ⅰ. ①避… Ⅱ. ①刘… Ⅲ. ①避雷器–故障检测–案例 Ⅳ. ①TM862

中国版本图书馆CIP数据核字（2020）第022739号

出版发行：中国电力出版社
地　　址：北京市东城区北京站西街19号（邮政编码100005）
网　　址：http://www.cepp.sgcc.com.cn
责任编辑：马淑范（010-63412397）　李文娟
责任校对：黄　蓓　朱丽芳
装帧设计：张俊霞
责任印制：杨晓东

印　　刷：三河市航远印刷有限公司
版　　次：2020年6月第一版
印　　次：2020年6月北京第一次印刷
开　　本：710毫米×1000毫米　16开本
印　　张：10
字　　数：181千字
印　　数：0001—3000册
定　　价：60.00元

本书编委会

主　　任	朱保军			
副主任	韩克存	吕学宾		
委　　员	王　涛	邵　进	孙　杨	孙胜涛
	翟　滢	高　鹏	薛启成	胡　凡
	黄　凯	苏小平	季素云	牛丙震
技术顾问	李　荣	咸日常	陈　静	张存山
	高舜安	董　智	杨　帆	姚德贵
	郑含博	张镱议	刘捷丰	肖汉光

本书编写工作组

主　　编	刘兴华			
副 主 编	谢同平	崔　川		
编写人员	李　飞	姜　腾	刘　林	郝　建
	汪　可	姜晓东	张　宁	赵彦龙
	李　鑫	王磊磊	吕东飞	王　军
	张兴永	陈文栋	刘文安	杨　超
	于　芃	彭　克	夏　鼎	边宏超
	耿　宁	刘　琳	梁珊珊	杨　光
	岳增伟	赵庆胜	侯念国	王　龙
	吕　云	韩雪娇	李　豪	胡　刚
	翟进乾	周天春	张福州	朱孟兆
	孙　鹏	王世儒	孙立新	孔　刚
	丁俊杰	李浩田	伍飞飞	齐超亮

前言

避雷器作为电力系统中重要的电气设备之一，对电网的安全可靠运行至关重要。随着电网建设的飞速进步，避雷器的重要性日益突出，为提高对避雷器故障的处理及维护水平，我们编写了本书。

本书从日常实践中选取了避雷器故障的典型案例共 29 个，分为五篇，以便读者快速查找学习同类事故处理方法。每个案例翔实阐述了 220kV 及以下避雷器故障的发现检查经过、检测分析方法、隐患处理情况以及经验体会。书中从大量的避雷器故障、异常案例出发，详细介绍了发现问题的检测方法及手段，提供处理方法。在此基础上，加入了带电检测等新型先进检测方法，结合例行试验诊断分析、综合数据融合，为分析避雷器的健康状况提出了行之有效的处理措施。

由于时间仓促，加之编者水平有限，书中疏漏之处在所难免，敬请专业同行和专家批评指正。

编　者

2020 年 3 月

目录

第1篇　避雷器例行试验异常案例

案例1 220kV避雷器泄漏电流超标检测分析1

1 案例经过

2018年4月17日，某公司电气试验班执行变电站第一种工作票对220kV某站1号主变压器（简称主变）及三侧设备进行例行试验。在对220kV侧中性点避雷器进行例行试验的过程中，发现其直流1mA电压（U_{1mA}）为205.4kV，且$0.75U_{1mA}$下的泄漏电流为88μA。而Q/GDW 1168—2013《输变电设备状态检修试验规程》规定，U_{1mA}初值差不超过±5%且不低于GB 11032中规定（220kV中性点避雷器要求≥205kV）；$0.75U_{1mA}$下的泄漏电流初值差≤30%或≤50μA。根据规程要求，该设备试验数值不符合标准。试验人员立即将相关情况向运检部进行了汇报，检修人员对该避雷器进行了更换。

避雷器型号：HY1.5W－144/320；直流参考电压≥205kV；生产日期：2014年11月10日；生产厂家：某避雷器有限公司。

2 检测分析

（1）避雷器停电试验。2018年4月17日，电气试验班执行变电站第一种工作票对220kV某站1号主变压器及三侧设备进行例行试验，在对220kV侧中性点避雷器进行例行试验过程中，发现其直流1mA电压（U_{1mA}）为205.4kV，且$0.75U_{1mA}$下的泄漏电流为88μA，与历史数据比较，该避雷器泄漏电流增长了633.3%，已超过规程标准，绝缘特性降低明显，测试试验数据见表1－1。

表1－1　　1号主变220kV中性点避雷器试验结果

测试日期	本体绝缘（MΩ）	直流1mA电压（kV）	泄漏电流（μA）
2018.4.17	100 000	205.4	88
2015.10.15	100 000	211.7	12

（2）排查各方面的影响因素。

1）空气湿度大。当空气湿度较大时，避雷器的泄漏电流明显增加。特别是在雨雪等天气，避雷器外套的泄漏电流可能增加几十倍。为了确保避雷器泄漏电流测量结果的正确性，应该在相对湿度小于80%的环境下进行测量。试验当天，天气干燥，空气相对湿度在40%左右，可以排除空气湿度大带来的干扰。

2）温度因素。温度是影响避雷器泄漏电流大小的重要因素，当温度升高时，泄漏电流的测量值就会增大。由于避雷器内部空间狭小，不能及时散热，当电阻片的温度升高时，会导致避雷器的阻性电流增大。试验当天，温度在 19～23℃，温度适宜，可以排除温度的影响。

3）污秽的影响。避雷器表面的污秽会影响电阻片柱的电压分布，从而导致泄漏电流增加。测试前已将避雷器擦拭干净，排除污秽造成的影响。

4）周围设备或建筑物带来影响。由于现场氧化锌避雷器试验电压较高，与周围设备或建筑物距离不够，易产生电晕放电，给测量带来误差。还有其形成的耦合电容也会对泄漏电流的测量数据产生较大影响。

（3）复测。为了避免测量中各种因素对测量带来的影响，采取以下几项措施并更换试验设备后进行复测：① 将避雷器从高压线路上拆下，放在一个空旷的场地内，通过与其他设备完全断开，避免电压谐波和测试点电磁场的干扰；② 将避雷器外表面污秽物完全清除，并风干；③ 使试验高压引线与避雷器的夹角约为 90°；④ 将试验设备由 ZVI240/5 更换为 ZGS200/3。测试数据见表 1－2。

表1－2　　1号主变 220kV 中性点避雷器试验结果

测试日期	本体绝缘（MΩ）	直流 1mA 电压（kV）	泄漏电流（μA）
2018.4.17	100 000	205.2	74
2015.10.15	100 000	211.7	12

从表 1－2 的测试数据可以看到，采取措施后泄漏电流有了一定的下降，但仍然超出规程要求，表明避雷器本身存在氧化锌阀片劣化或者受潮的情况。

3　隐患处理情况

试验人员立即将相关情况向运检部进行了汇报，检修人员对该避雷器进行了更换。更换前试验班人员对新的避雷器进行了试验（见图 1－1），试验数据见表 1－3。

图1－1　对新避雷器进行试验

表 1-3　新避雷器试验数据

<table>
<tr><td>型　号</td><td>YH1.5W－144/320</td><td colspan="2">持续运行电压</td><td>116kV</td></tr>
<tr><td>额定电压</td><td>144kV</td><td colspan="2">直流 1mA 参考电压</td><td>≥205kV</td></tr>
<tr><td>厂　家</td><td colspan="4">某电气有限公司</td></tr>
<tr><td>相　别</td><td colspan="2">1mA 直流参考电压（kV）</td><td colspan="2">$0.75U_{1mA}$ 下的泄漏电流（μA）</td></tr>
<tr><td>N</td><td colspan="2">213.6</td><td colspan="2">8.0</td></tr>
</table>

在排除各种干扰因素的影响后，复测的结果依然超标时，认为该避雷器本身存在氧化锌阀片劣化或者受潮的情况。氧化锌避雷器用硅橡胶作为避雷器的封壳，硅橡胶套封壳质量低劣，生产厂家采用的技术不完善或采用的密封材料抗老化的性能不稳定，在温差变化较大或运行时间接近产品寿命后期时造成其密封不良。避雷器的两端加工粗糙，使潮气或水分浸入，造成内部绝缘损坏，加速了电阻片的劣化而引起损坏。无间隙氧化锌避雷器阀片的均一性差，使电位分布不均匀，运行一段时间后，部分阀片首先劣化。

为了进一步查明原因，在检修班组配合下按照以下步骤进行解体检查：① 打开避雷器的金属顶盖，检查是否有受潮现象和放电痕迹；② 打开避雷器的绝缘外套，检查是否存在密封不良、装配工艺不良、绝缘外套受损等情况导致的放电痕迹；③ 进一步查看避雷器的阀片是否有受潮现象。④ 在合适的温度和湿度环境中测量完全解体的每一个电阻片的泄漏电流。

解体前检查避雷器外观，避雷器外套硅橡胶部分无明显老化，外部检查良好，如图 1－2 所示。

将避雷器解体后，避雷器内部结构如图 1－3 所示。打开避雷器的金属顶盖检查，无受潮现象和放电痕迹。

图 1-2　避雷器外观照

图 1-3　避雷器顶部图片

打开避雷器的绝缘外套（见图 1－4），检查是否存在密封不良，装配工艺不良，绝缘外套受损等情况导致的放电痕迹。

图 1－4　打开绝缘外套

图 1－5　打开避雷器底部金属板

如图 1－5 所示，将避雷器本体绝缘解剖后，发现避雷器下法兰内表面已锈蚀，底座绝缘垫完全受潮。将避雷器阀片及金属垫片取出后，发现阀片及金属垫片受潮明显（见图 1－6），个别阀片边釉破损。

图 1－6　避雷器阀片及金属垫片受潮情况

避雷器内部结构如图 1－7 所示。

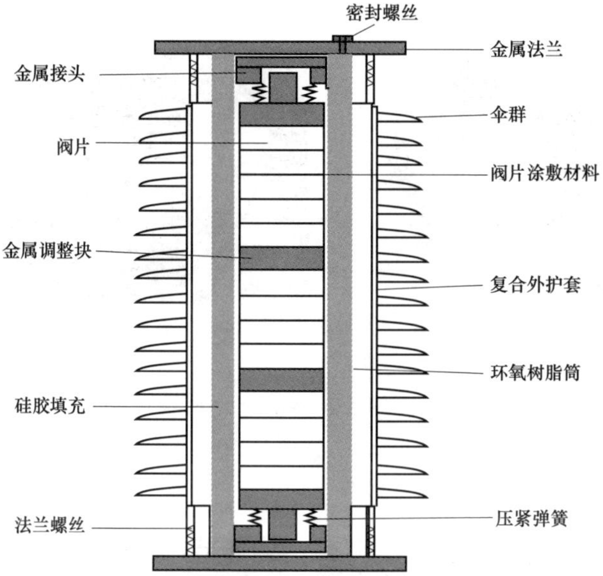

图 1－7　避雷器内部结构示意图

通过解体检查，确定避雷器底部护套有受潮浸入点，首先是最下端阀片受潮裂化，然后逐步发展至中下部电阻片裂化。根据检查情况，上部电阻片尚未受潮。当已受潮阀片泄漏电流增大到一定值时，直流参考电压将快速下降直至失效。当电阻片裂化数量达到一定值时，剩余的电阻片将无法承担工频运行电压，造成避雷器损坏并形成接地故障。根据受潮部位及内部受潮情况，确定避雷器在运输过程中受到过强烈的外力作用，下法兰处的密封结构受到破坏，影响了避雷器密封性能。潮湿空气从避雷器底部进入本体，导致避雷器直流参考电压下降、泄漏电流和阻性电流增大。

4　经验体会

此次氧化锌避雷器缺陷是一起典型的避雷器内部阀片受潮导致绝缘性能降低的案例。通过停电试验，及时发现了设备缺陷，避免了缺陷的进一步发展。为防止此类故障的再次发生，应采取以下措施。

（1）加强避雷器设备的运输管理，避免在运输过程中遭到暴力搬运，减小运输过程中避雷器在外力作用下遭到破坏的概率。避雷器交接时应严格履行验收手续，防止避雷器带病投运。在设备交接验收时要认真负责，确保设备无缺陷移交。

（2）强化避雷器的运行巡视检查，当避雷器的缺陷趋于严重时，其泄漏电流表的表计读数将明显增大。在日常巡视中可加强数据监测，一旦发现表计数值突然增大，应立即采取有效的测试手段，及时发现并消除设备运行隐患。

（3）对中性点避雷器无法进行阻性电流带电检测和红外测温工作，因此必须重视做好停电例行试验工作，发现隐患及时上报处理。当数据异常时要综合分析、逐项排除，并结合其他试验项目进行判断，必要时必须进行更换处理。

案例 2 220kV 避雷器泄漏电流超标检测分析 2

1 案例经过

220kV 某变电站 220kV 某Ⅱ线避雷器，系某避雷器公司 2012 年产品，型号为 Y10W5－204/532W，于 2012 年 9 月投入运行，已运行 6 年。

2018 年 3 月 25 日变电运检室工作人员对 220kV 某站站内避雷器开展阻性电流带电测试。测试中，发现 220kV 某变电站 220kV 某Ⅱ线 A 相避雷器的阻性电流较上次测试结果有明显增大。现场试验人员排除干扰因素后，试验结果依然不合格，初步怀疑为避雷器内部绝缘受潮。

上报公司并经公司专家组讨论决定，立即对 220kV 某变电站 220kV 某Ⅱ线三相避雷器进行停电检查处理。考虑到某站地处工业区，粉尘较多，同时对站内其他避雷器进行重点带电测试，必要时结合停电对站内其他避雷器依次进行更换。

2018 年 4 月 8 日，变电运检室工作人员对 220kV 某变电站 220kV 某Ⅱ线避雷器进行停电检查试验。经试验，上节避雷器泄漏电流不合格，现场对避雷器进行解体检查，解体后发现上节避雷器内部有明显锈蚀痕迹，并有黑色的放电痕迹，需要立即更换。4 月 9 日，变电运检室工作人员对 220kV 某变电站 220kV 某Ⅱ线避雷器进行更换，更换完毕后各项试验合格，送电投运。投运后，进行避雷器阻性电流带电测试，试验合格，缺陷消除。

2 检测分析

2018 年 3 月 25 日，试验人员对 220kV 某变电站 220kV 某Ⅱ线避雷器进行带电测试，发现试验数据不合格后，进行停电处理。停电后，对避雷器进行了绝缘电阻测试和直流 1mA 电压（U_{1mA}）及 $0.75U_{1mA}$ 下的泄漏电流测试。故障处理完毕后，重新进行上述试验合格后，投入运行。

（1）避雷器运行电压下交流泄漏电流测试（避雷器带电检测）。2018 年 3 月 25 日，变电运检室试验人员对 220kV 某变电站 220kV 某Ⅱ线三相避雷器进行带电测试，测试试验结果见表 2－1。

从测试结果可以看到，A 相避雷器的阻性电流较 B、C 相避雷器有明显增大。且同上次测试数据（见表 2－2）相比，阻性电流增加超过一倍，应停电检查。

表 2-1　　2018 年 3 月 25 日测试结果

站名	设备位置	设备型号	电压等级	温度	相对湿度	相位	系统电压（kV）	泄漏电流（μA）	
								全电流 I_x	阻性电流 I_{rp}
某站	220kV 某Ⅱ线	Y10W5-204/532W	220kV	20℃	30%	A	220	708	135
						B	220	624	58
						C	220	651	52

表 2-2　　2017 年 3 月 28 测试结果

站名	设备位置	设备型号	电压等级	温度	相对湿度	相位	系统电压（kV）	泄漏电流（μA）	
								I_x	I_{rp}
某站	220kV 某Ⅱ线	Y10W5-204/532W	220kV	18℃	20%	A	220	642	62
						B	220	612	48
						C	220	636	42

Q/GDW 1168—2013《输变电设备状态检修试验规程》5.16.1.4 对避雷器运行电压下的交流泄漏电流的试验结果有如下要求：通过与历史数据及同组间其他金属氧化物避雷器的测量结果相比较做出判断，彼此应无显著差异。当阻性电流增加 0.5 倍时应缩短试验周期并加强监测，增加 1 倍时应停电检查。

分析以上数据可以发现，避雷器的交流泄漏电流并没有明显变化，但是阻性电流变化明显。基本可以判断，A 相避雷器存在阀片老化、避雷器受潮、内部绝缘件受损的类似故障，需要立即停电检查。

（2）避雷器直流 1mA 电压（U_{1mA}）及 $0.75U_{1mA}$ 下的泄漏电流测试。2018 年 4 月 8 日，对某站 220kV 某Ⅱ线三相避雷器进行停电检查试验。试验人员对避雷器进行了直流泄漏电流测试，测试结果见表 2-3。

表 2-3　　2018 年 4 月 8 日测试结果与 2016 年 3 月 9 日测试结果对比

相别	绝缘电阻（MΩ）		直流 1mA 电压（kV）		75%1mA 电压下电流（μA）	
	实测	上次	实测	上次	实测	上次
A 相上节	19 500	15 200	135.3	150.8	66.7	15.5
A 相下节	18 700	17 500	150.3	150.8	16.2	13.1
B 相上节	19 600	16 500	150.7	150.4	15.5	16.2
B 相下节	21 200	20 000	150.9	150.5	15.7	16.3
C 相上节	21 600	17 300	150.8	150.7	14.1	12.5
C 相下节	23 300	18 900	151.2	151.0	14.6	12.5

从上面试验数据可以看出，A 相上节避雷器的直流 1mA 电压（U_{1mA}）较历史数据、A 相下节及 BC 相避雷器数据有明显降低，可以说明 A 相上节避雷器的内部结构发生变化。且 A 相上节避雷器的 $0.75U_{1mA}$ 下的泄漏电流较其他两相和历史数据相比也存在较大差别，也证明了避雷器内部存在故障。

同时从表 2-3 数据可以看出，故障避雷器的绝缘电阻同正常数据相比，并没有明显变化。

Q/GDW 1168—2013《输变电设备状态检修试验规程》中对避雷器直流参考电压及 0.75 倍参考电压下的泄漏电流的试验结果有如下要求：U_{1mA} 初值差不超过 ±5%且不低于 GB 11032 的规定值（注意值）；$0.75U_{1mA}$ 漏电流初值差≤30%或≤50μA（注意值）。

从以上数据可以发现，A 相上节避雷器确实存在受潮、老化故障，需要进行更换。

（3）红外热像检测。为进一步验证故障避雷器的问题，试验人员与 3 月 25 日夜晚，对故障避雷器进行了红外测温，得到红外图谱和温度如图 2-1 所示。

变电站	220kV 某变电站			设备类型	避雷器
设备名称	220kV 某Ⅱ线避雷器			相　　别	三相
辐射率	0.90	测试距离	5.0m	环境温度	19℃

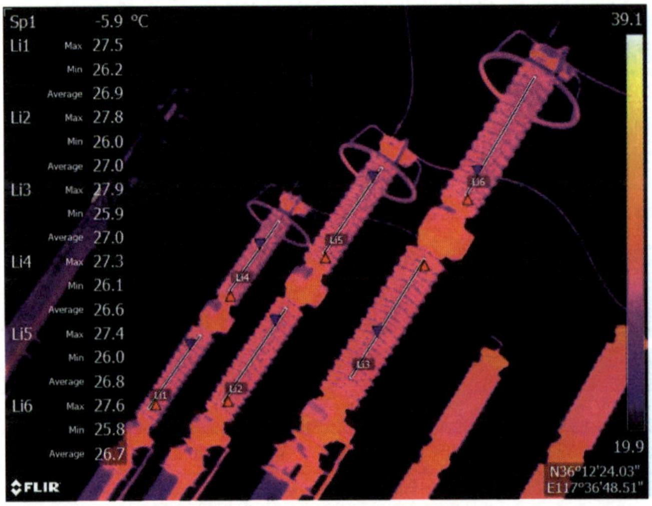

相别	A 相	B 相	C 相	AB 相温差（K）	AC 相温差（K）	BC 相温差（K）
温度（℃）	21.0	20.9	20.8	0.1	0.2	0.1

图 2-1　避雷器红外测温图

通过红外热像检测可以看出，避雷器三相之间几乎没有温差。说明避雷器内部的绝缘受潮故障刚形成不久，尚未发展明显的发热缺陷。

现场人员分析，可能由于某站地处山区，属于多雷雨地区，避雷器长期经受雷电和雨水侵蚀，内部出现受潮、老化等问题。

3　隐患处理情况

经过以上试验和检测后，可以判断某站 220kV 某Ⅱ线 A 相上节避雷器已经受潮、老化，不符合继续运行的条件，变电运检室立即调用备用避雷器进行更换。

现场人员对故障相避雷器进行拆卸检查，发现避雷器密封处有明显的锈蚀痕迹，避雷器密封性被破坏，并且在避雷器绝缘部分发现了黑色的放电痕迹，如图 2-2、图 2-3 所示。

图 2-2　避雷器顶端受潮锈蚀图

图 2-3　避雷器内部的放电痕迹

更换完毕后，经试验合格，送电投运。在投运后进行了避雷器带电检测和红外测温，数据均正常。

同时变电运检室工作人员对同型号的所有避雷器进行排查，发现正在运行的同型号避雷器还有 12 支。为此，加大此型号避雷器的监测力度，并结合停电进行试验检查，一旦发现试验不合格立即进行更换。

4 经验体会

（1）避雷器在线检测、带电检测可提前发现避雷器受潮、劣化等故障。应严格按照 Q/GDW 1168—2013《输变电设备状态检修规程》的相关规定，每年雷雨季节前开展避雷器带电检测工作。如发现避雷器异常，根据实际情况酌情缩短避雷器检测周期，加强跟踪检测。

（2）由于避雷器绝缘受潮是较为缓慢的过程，因此对位于山区雷雨天气较多的变电站避雷器，可根据情况适当增加避雷器带电检测的次数。在雷雨季节前后分别开展避雷器带电检测，能够有效地发现避雷器绝缘受潮、老化等缺陷故障。

（3）避雷器带电检测技术和停电后的避雷器直流泄漏电流测试，能够有效地相互验证避雷器本身的状态性能。

（4）对于刚发展的或者不严重的避雷器绝缘受潮、老化故障，红外热像检测技术并不一定能够及时发现发热问题。因此，可以根据将避雷器带电检测同红外测温的检测时间互相结合，甚至可以根据天气情况，针对避雷器开展雷雨季节前后的专项检测。

案例 3　110kV 避雷器泄漏电流超标检测分析 1

1　案例经过

2018 年 5 月 30 日，国网某供电公司变电检修室电气试验班根据停电例行试验计划，在对 220kV 某站 110kV 某线 2111 间隔避雷器进行例行停电试验，发现 ABC 三相避雷器（型号为 Y10W－100/260）直流 1mA 下的参考电压均偏低（仍在规程规定的范围内），但 75%参考电压下的泄漏电流偏大且已超标。为确认试验数据的真实性、排除试验仪器的影响，又用另外一台仪器进行了试验，数据无明显变化；为排除表面脏污的影响，对外瓷套进行清扫，加装屏蔽线后继续试验，数据也无明显变化。因此，初步怀疑避雷器内部出现老化或受潮故障，该组避雷器已不适合继续运行。随后，检修班成员对该避雷器进行了更换（型号为 Y10W－108/281W1），更换后的避雷器试验数据均合格，正常投运。更换前后避雷器试验数据见表 3－1。

表 3－1　更换前后避雷器试验结果

相别	更换前			更换后		
	绝缘电阻（MΩ）	参考电压（kV）	泄漏电流（μA）	绝缘电阻（MΩ）	参考电压（kV）	泄漏电流（μA）
A	6500	142.0	63	10 000	152.3	4.2
B	7100	142.7	60	10 000	152.3	9.4
C	7000	142.9	61	10 000	152.4	5.6

2　检测分析

该避雷器为某避雷器厂 2004 年 3 月生产的，同年 10 月 22 日交接试验合格后投入运行，截止到 2018 年 5 月已运行 14 年。期间进行了 6 次预防性试验和 10 次带电测量，数据均合格。

2018 年 6 月 5 日，对换下的避雷器进行解体检查。首先对数据最不理想的 A 相进行了解体，发现避雷器上下封盖等密封部位没有明显的受潮和锈蚀痕迹（见图 3－1），但套在阀片外的绝缘筒壁和固定氧化锌电阻片的金属件上都有几处明显的放电痕迹（见图 3－2、图 3－3）。通过比对发现金属件和筒壁上的放电位置是一一对应的，因此，认为在运行中是金属件对绝缘筒发生了放电。

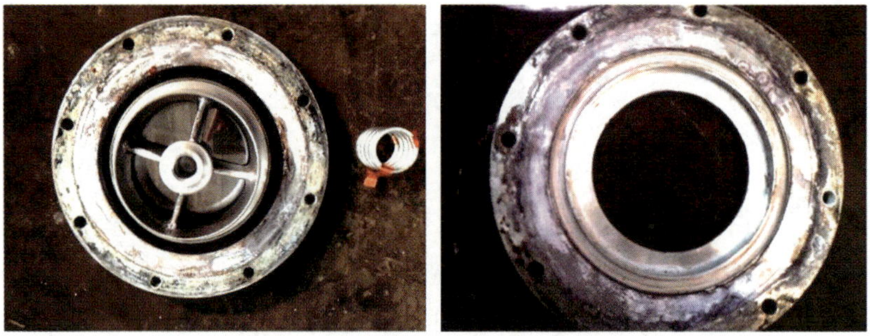

图 3-1　A 相避雷器上下封盖

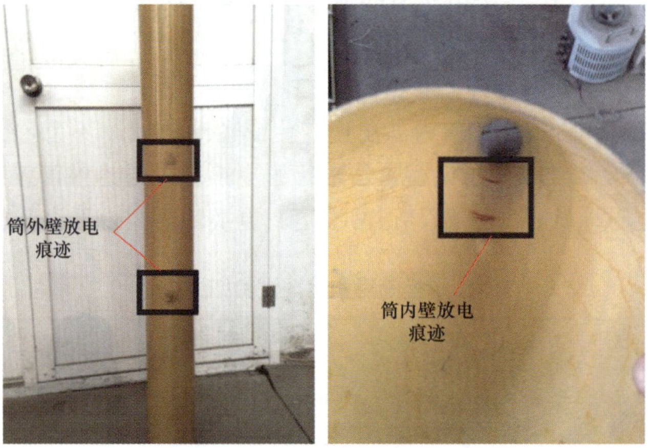

图 3-2　绝缘筒上的放电痕迹

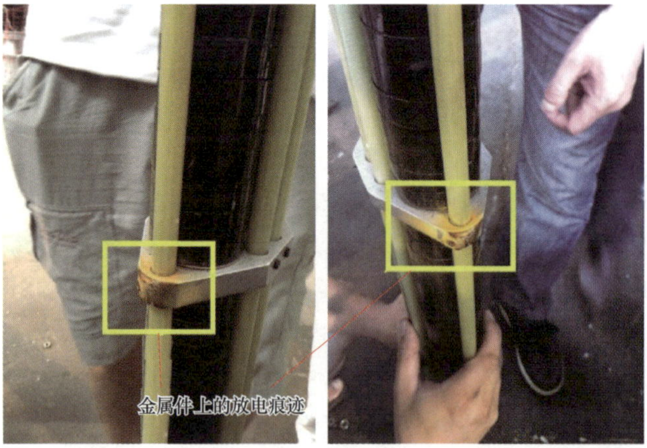

图 3-3　固定氧化锌电阻片的金属件上的放电痕迹

为进一步确定故障原因，再对 B 相避雷器进行了解体，在同样的部位也发现了放电痕迹（见图 3-4），氧化锌阀片诊断性试验数据与 A 相基本一致。

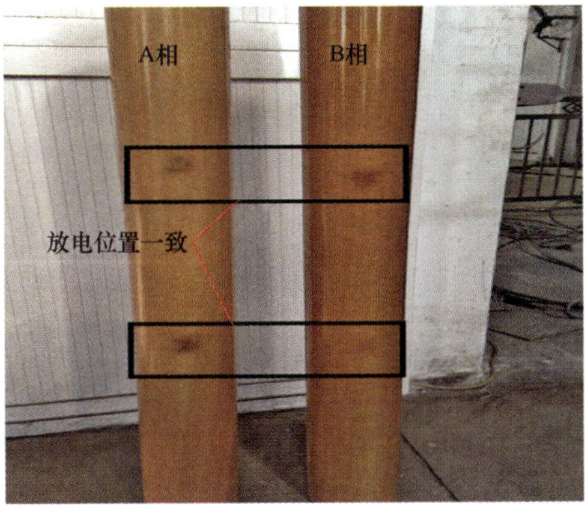

图 3-4　A、B 两相绝缘筒外壁放电痕迹

3　隐患处理情况

2018 年 5 月 30 日当天就对该相存在隐患的避雷器进行了更换。送电运行后进行多次跟踪红外检测及避雷器阻性电流检测，结果显示避雷器温度分布正常，均未发现异常情况。

4　经验体会

（1）应加强对避雷器停电试验检查，为检修人员积累分析数据；通过泄漏电流和绝缘电阻判断避雷器的运行状况，对试验数据异常的避雷器进行解体检查，确保电网安全运行。

（2）投运前，要对避雷器的密封部件进行仔细地检查，以防止设备带着安全隐患运行。还应加强对泄漏电流表的检查，防止因电流表的故障影响运行和试验人员的分析判断。

案例 4 110kV 避雷器泄漏电流超标检测分析 2

1 案例经过

2016 年 3 月 24 日，变电检修室电气试验班人员对 110kV 某站 2 号主变进行例行试验。在 2 号主变 110kV 侧避雷器试验时，发现 B 相避雷器泄漏电流超过规程要求。

110kV 某站 2 号主变 110kV 侧避雷器为某电气有限公司生产，设备型号 YH10W－108/281W，2013 年 11 月出厂，2014 年 5 月投入运行。

试验人员随即通知检修人员对其进行更换。更换后，再次对该间隔避雷器进行测试，试验数据合格。

2 检测分析

2016 年 3 月 24 日，变电检修室电气试验班对 110kV 某站 2 号主变及三侧间隔进行例行试验，在 2 号主变 110kV 侧避雷器试验时，发现 B 相避雷器泄漏电流超过规程要求，试验数据见表 4－1。

图 4－1 试验人员对 2 号主变 110kV 侧避雷器进行泄漏电流试验

Q/GDW 1168—2008《输变电设备状态检修试验规程》要求：U_{1mA} 初值差不超过 ±5%且不低于 GB 11032 规定值（注意值）；$0.75U_{1mA}$ 漏电流初值差≤30%或≤50μA（注意值）。

表 4－1 2 号主变 110kV 侧避雷器试验数据

项目	A		B		C	
	上次	本次	上次	本次	上次	本次
U_{1mA}（kV）	162.0	160.2	161.3	150.2	162.2	160.1
$I_{0.75U1mA}$（μA）	9	17	6	98	5	22
绝缘电阻（MΩ）	100 000	100 000	100 000	14 000	100 000	100 000

从表 4－1 可以看出，B 相避雷器 U_{1mA} 与上次值相比初值差大于±5%，0.75U_{1mA} 漏电流增加了 10 多倍。

试验人员再次测量 A 相，结果仍然正常，说明仪器没有问题，再次测试 B 相避雷器发现 $I_{0.75U1mA}$ 仍然是 98μA，而绝缘电阻也低至 14 000MΩ，反复测量两次后，与其他两相测量结果以及上次测量结果横向、纵向比较后，测量结果不变。试验当日天气晴朗，气候干燥，可排除伞裙脏污导致绝缘电阻变小的可能，于是得出结论：B 相避雷器本身存在缺陷。于是立即上报并建议立即更换避雷器。

3　隐患处理情况

（1）拆解更换处理。经研究决定立即更换避雷器，检修人员将缺陷避雷器拆卸（见图 4－2）后，发现该避雷器的底座不存在任何异常，而封闭口的密封胶出现明显破损。如图 4－3 所示，图（a）为 A 相正常避雷器，密封胶没有缺损，图（b）为 B 相缺陷避雷器，密封胶有明显的破损。初步判定为避雷器本体密封失败，潮气侵入。

图 4－2　检修人员拆卸缺陷避雷器、更换新的避雷器

（a）　　　　　　　　　　（b）

图 4－3　避雷器对比图

（a）A 相正常避雷器；（b）B 相缺陷避雷器

更换后，试验人员再次对 2 号主变 110kV 侧避雷器进行测试，试验数据见表 4-2。

表 4-2　　处理后 2 号主变 110kV 侧避雷器试验数据

项目	A		B		C	
	出厂值	本次	出厂值	本次	出厂值	本次
U_{1mA}（kV）	154.5	154.3	155.0	154.3	153.5	152.8
$I_{0.75U1mA}$（μA）	9	12	10	11	10	13
绝缘电阻（MΩ）	100 000	100 000	100 000	100 000	100 000	100 000

从表 4-2 可以看出，更换后的避雷器绝缘电阻、U_{1mA} 及 $I_{0.75U1mA}$ 均合格。

（2）返厂解体。4 月 5 日，缺陷避雷器返厂解体，如图 4-4 所示，阀片明显受潮，受潮部分红色标出。

图 4-4　B 相避雷器阀片明显受潮

4　经验体会

（1）U_{1mA} 及 $I_{0.75U1mA}$ 是反映避雷器运行状况的重要指标。本次试验及时发现了一起避雷器缺陷，防止了避雷器爆炸事故的发生，因此，必须严格按照 Q/GDW 1168—2008《输变电设备状态检修试验规程》规定的周期开展相应的例行试验项目。

（2）在例行试验之前的红外测温带电测试中并没发现此避雷器的问题，针对这类情况，应在例行试验过程中严格把关、综合分析，当即做出判断。

案例 5 110kV 避雷器泄漏电流超标检测分析 3

1 案例经过

2016 年 3 月 23 日，电气试验人员对 110kV 某变电站进行例行带电试验，对 1 号主变 110kV 侧避雷器试验，发现 A 相氧化锌避雷器本体直流泄漏电流过大，超出 Q/GDW 1168—2008《输变电设备状态检修试验规程》规定的范围。试验人员立即上报变电检修室、运维工区和调控中心。

该避雷器生产厂家为某避雷器有限责任公司，型号 Y1.5W5－72/186W，出厂日期为 2013 年 5 月。

2 检测分析

现场分别对故障相避雷器和正常相避雷器进行直流参数测量，包括绝缘电阻、直流 1mA 下的参考电压 U_{1mA} 和 $0.75U_{1mA}$ 的泄漏电流，试验数据见表 5－1（A 相避雷器因损坏只能测量底座绝缘电阻）。该避雷器投运不足 1 年，暂未进行首检，无停电和带电试验数据，检查某电站 1 号主变 110kV 侧避雷器自 2012 年 12 月 22 日投运至故障发生前的泄漏电流巡视记录，三相泄漏电流基本平衡且均保持在 0.34mA 到 0.36mA 之间。通过与交接试验数据纵向比较及 A、B、C 两相间横向比较，A 相内部绝缘严重损坏，B、C 相试验结果正常。

表 5－1　　1 号主变 110kV 侧氧化锌避雷器试验结果比较分析

序号	试验项目	试验性质	A 相（故障相）	B 相（正常相）	C 相（正常相）
1	本体绝缘电阻（GΩ）	交接	147	147	149
		诊断		149	150
2	底座绝缘电阻（GΩ）	交接	5.2	5.2	5.1
		诊断	4.9	4.9	4.8
3	U_{1mA}（kV）	交接	156.6	156.5	156.7
		诊断		157.6	157.9
4	$I_{0.75U1mA}$（μA）	交接	13	12	14
		诊断	125	8	7

规程对氧化锌避雷器停电试验的要求：U_{1mA} 初值差不超过±5%且不低 GB 11032—2010《交流无间隙金属氧化物避雷器》规定值；$0.75U_{1mA}$ 泄漏电流初值差≤30%或≤50μA；35kV 及以上避雷器绝缘电阻≥2500MΩ。对照表 5－1 的试验数据可以看出，$0.75U_{1mA}$ 下泄漏电流也超出规程要求的 50μA。试验数据不符合规程的要求，进一步确认该氧化锌避雷器的电阻片已发生劣化，导致避雷器发热。

3　缺陷处理情况

为进一步分析避雷器故障原因，对该站 1 号主变 110kV 侧 A 相（故障相）、B 相（正常相）避雷器进行了解体分析，各部件检查结果如下：

（1）故障避雷器两端防爆膜盖板外侧已经完全熏黑，内侧无锈蚀痕迹，见图 5－1。故障避雷器防爆膜被冲破，四周压接部分为完整圆环，未见明显松动、压接不到位情况，见图 5－2。故障避雷器密封板、密封圈、防水圈完好，具有较强弹性，无老化痕迹，密封性能良好，见图 5－3。

图 5－1　盖板内侧清洁无明显锈迹

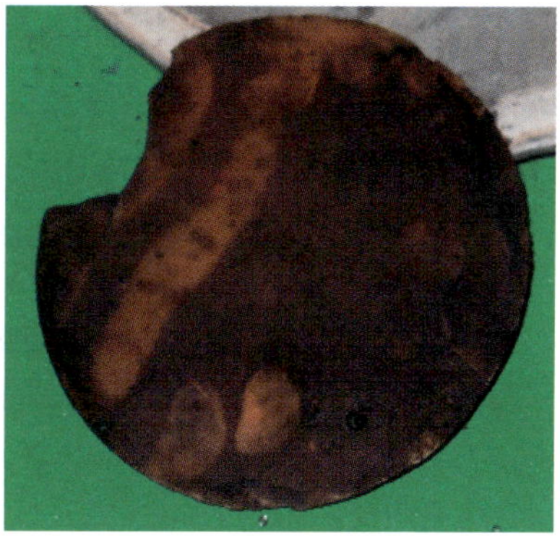

图 5－2　防爆膜被冲破

图 5－3　密封板瓷套侧无明显锈迹

（2）故障避雷器氧化锌电阻片结构完整，无受潮痕迹，四周已经完全熏黑，为沿柱面闪络，见图 5-4。备用相避雷器氧化锌电阻片见图 5-5；故障避雷器金属升高节烧蚀点见图 5-6。

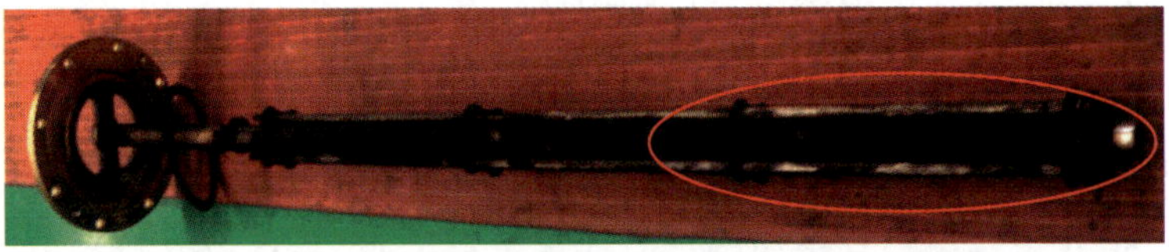

图 5-4　故障避雷器氧化锌电阻片沿柱面闪络

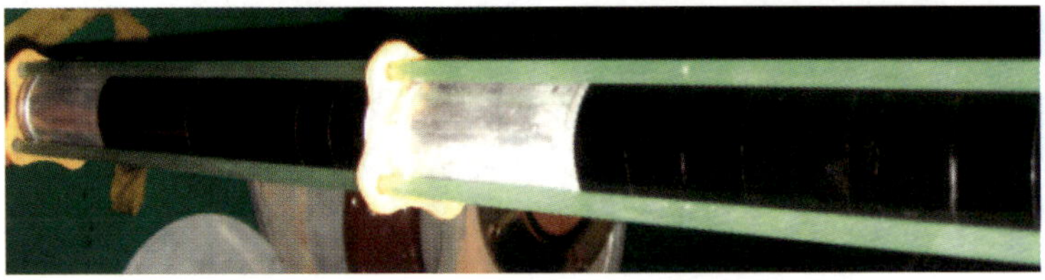

图 5-5　备用相避雷器氧化锌电阻片

图 5-6　故障避雷器金属升高节烧蚀点

（3）故障避雷器阀柱的分段与正常相的阀柱存在明显不一致。正常相避雷器分上、中、下三段，每段 10 片电阻片，中间由金属垫管隔开，而故障相避雷器阀柱上段的两端均有垫管，整体的组装结构形式与正常相不一致，可能导致电位、场强分布不同。

4　经验体会

（1）结合实际情况，制定有针对性的故障检查方案。此次对某 Y10W－100/260 系列避雷器进行重点排查，当泄漏电流表指示异常排除表计问题后要求尽快安排带电测试，及时发现隐患并处理。加强带电测试工作，每年至少开展一次所有 110kV 及以上避雷器红外精确测温、泄漏电流带电检测。由于在避雷器内部出现异常时，主要表现为阀片严重劣化和内壁受潮等阻性分量明显增大，并可能导致热稳定破坏，造成避雷器损坏，因此，一旦发现阻性电流异常增大时应及时停电检查。

（2）建议制造厂加强工艺流程控制水平，严格做好装配工艺管理，确保所有出厂避雷器满足装配工艺要求，并尽快开展该型号避雷器人工污秽试验、电位分布等相关试验。

（3）针对避雷器泄漏电流表厂家、型号众多、质量良莠不齐现象，建议加强泄漏电流表带电校验工作，提高监测准确性。

（4）及时开展老旧设备治理。对运行超过 15 年的避雷器，应进行特殊巡视，重点跟踪泄漏电流变化情况；对运行 20 年以上的避雷器结合状态评价及时更换。

第 2 篇　避雷器发热异常案例

案例 6　220kV 避雷器受潮发热红外测温分析

1　案例经过

2016 年 3 月 2 日，变电检修室对某变电站避雷器进行带电检测，发现 220kV 某线避雷器 A 相存在运行电流偏大、阻性电流及其三次谐波分量较大等异常现象。

3 月 2 日晚对某变电站 220kV 某线避雷器进行红外精确测温，发现 A 相上节有明显过热特征，三相温差最大为 10.2K。A 相上节避雷器发热位置集中在中部，上下节最大温差为 8.1K，初步判定 A 相避雷器上节可能存在内部故障，并将带电检测报告上报公司。

3 月 13 日公司安排某站某线停电，更换了某线避雷器，新换避雷器经交接试验合格后，线路恢复供电。检修试验人员在试验大厅对 A 相避雷器上节进行解体检查，发现避雷器内部已向外渗水，阀片表面已经覆盖了大范围的白色粉末（受潮痕迹）。

2　检测分析

（1）运行中持续电流检测。测试时使用 TV 二次电压感应法准确测量阻性电流分量和相位角，检测数据见表 6－1。

表 6－1　　220kV 某线避雷器运行中持续电流检测数据

相位	全电流有效值（mA）	阻性电流峰值（mA）	三次谐波分量峰值（mA）	相位角 φ（°）
A	0.798	0.408	0.043	70.6
B	0.513	0.042	0.005	86.98
C	0.537	0.035	0.013	88.91

全电流分析：A、B、C 三相避雷器全电流有效值 I_X 分别为：0.798mA、0.513mA、0.537mA，A 相明显偏大，比 B、C 相分别高出 55.5%、48.6%。该组避雷器为 2015 年底新投运，所以无上次测试数据，缺少历史数据比较。

阻性电流分析：A、B、C 三相避雷器阻性电流峰值 I_R 分别为：0.408mA、0.042mA、0.035mA，C 相明显偏大，比 A、B 相分别高出 186%、488.5%。A 相电流的 I_R 在 I_X 中占比达到 33.3%，相位角仅有 70.6°，说明 C 相避雷器阻性电流超标严重，初步判断为内部受潮。

图 6-1　夜间精确测温

阻性电流三次谐波电流 I_{R3} 分析：A、B、C 三相避雷器分别为 0.043mA、0.005mA、0.014mA，A 相阻性电流三次谐波明显偏大，比 A、B 相分别高出 0.038mA 和 0.029mA。说明 A 相避雷器阀片非线性特征变化，初步推断 C 相避雷器氧化锌阀片绝缘发生一定程度的老化。

（2）“四位一体”精确测温。3 月 2 日晚 7 点，试验人员对某站 220kV 某线避雷器进行“四位一体”精确测温（见图 6-1），环境温度 11℃，相对湿度 35%，风速小于 0.5m/s。

试验人员首先采用大四位对 220kV 某 I 线避雷器三相进行检测，大四位图谱如图 6-2 所示。

大四位温谱图（东）

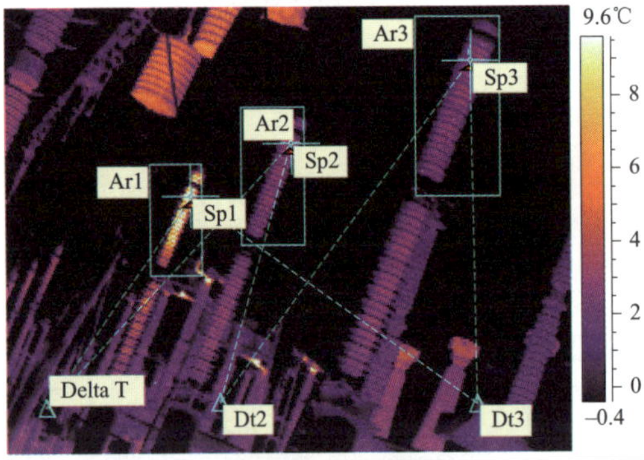

Ar1 最高温度	13.8℃
Ar2 最高温度	3.7℃
Ar3 最高温度	3.6℃
Sp1 温度	13.8℃
Sp2 温度	3.6℃
Sp3 温度	3.6℃
Delta T 值	10.3
Dt2 值	0.1
Dt3 值	10.2

大四位温谱图（南）

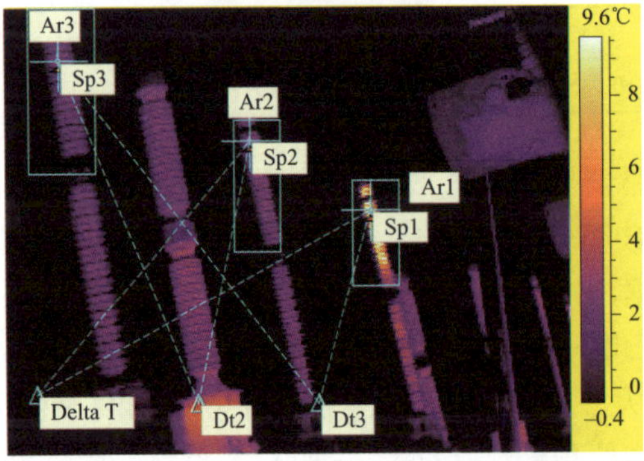

Ar1 最高温度	13.2℃
Ar2 最高温度	3.3℃
Ar3 最高温度	3.0℃
Sp1 温度	13.2℃
Sp2 温度	3.3℃
Sp3 温度	3.0℃
Delta T 值	9.9
Dt2 值	0.3
Dt3 值	10.2

图 6-2　大四位图谱（一）

大四位温谱图（西）

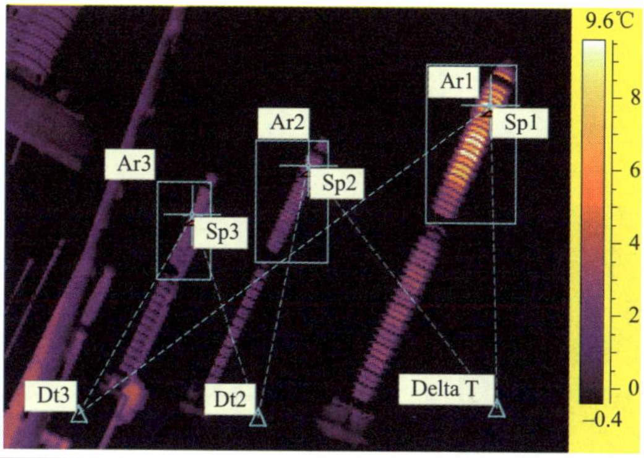

Ar1 最高温度	12.2℃
Ar2 最高温度	2.9℃
Ar3 最高温度	2.9℃
Sp1 温度	12.2℃
Sp2 温度	2.9℃
Sp3 温度	2.9℃
Delta T 值	9.3
Dt2 值	0.0
Dt3 值	9.3

大四位温谱图（北）

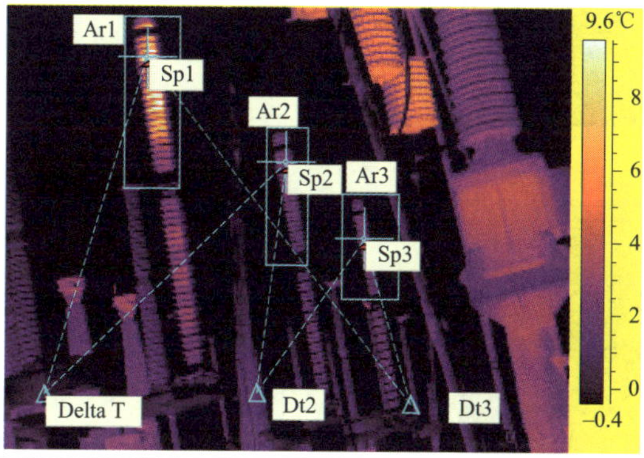

Ar1 最高温度	12.3℃
Ar2 最高温度	3.0℃
Ar3 最高温度	3.0℃
Sp1 温度	12.3℃
Sp2 温度	3.0℃
Sp3 温度	3.0℃
Delta T 值	9.3
Dt2 值	0.1
Dt3 值	9.3

图 6-2 大四位图谱（二）

对三相的整体拍摄可以从四个侧面看出，C 相避雷器上节与其他两相相比，都存在明显的整体过热特征。测试温度结果见表 6-2。

表 6-2 大四位拍摄结果

温度分布	侧面 1	侧面 2	侧面 3	侧面 4
C 相最高温度 t_{maxA}（℃）	3.6	3.0	2.9	3.0
B 相最高温度 t_{maxB}（℃）	3.7	3.3	2.9	3.0
A 相最高温度 t_{maxC}（℃）	13.8	13.2	12.2	12.3
相间最大温差 Δt（K）	10.2	10.2	9.3	9.3

C 相上节避雷器四个侧面的最高温度基本一致，发热程度相近，A 相避雷器与 B、C 两相的最大温差分别为 10.2、10.2、9.3、9.3K，根据 DL/T 664—2016《带电设备红外诊断应用规范》要求，避雷器温差应在 0.5～1K 以内，而 A 相避雷器相间温差都

在 9～10K 左右，已经明显超出标准，C 相避雷器上节整体严重过热。

再采用小四位对 220kV 某线 A 相避雷器进行精确定位，小四位图谱如图 6-3 所示，拍摄结果见表 6-3。

小四位温谱图（东）

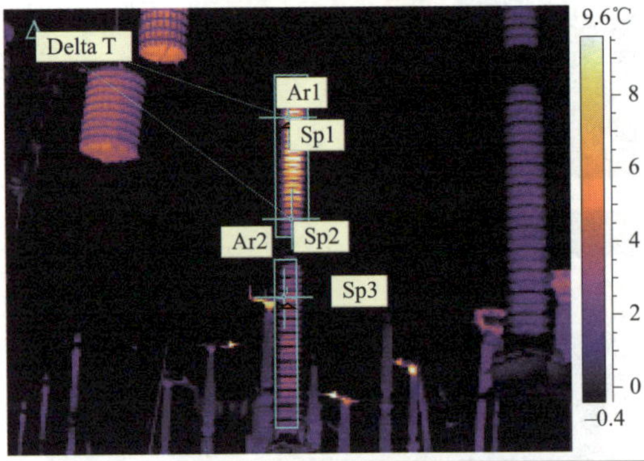

Ar1 最高温度	12.4℃
Ar2 最高温度	4.3℃
Sp1 温度	12.4℃
Sp2 温度	1.9℃
Sp3 温度	4.0℃
Delta T 值	10.4

小四位温谱图（南）

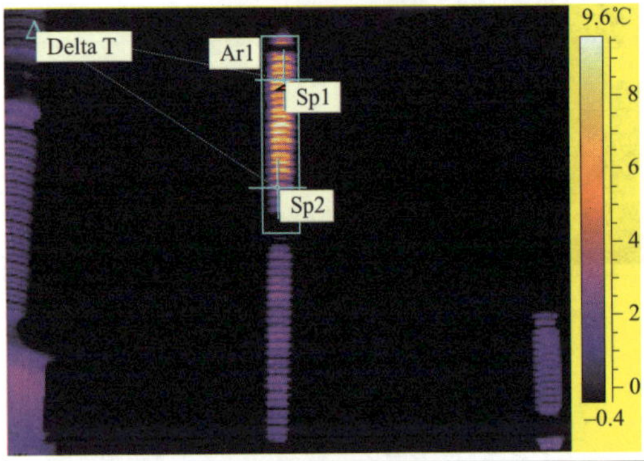

Ar1 最高温度	11.7℃
Sp1 温度	11.7℃
Sp2 温度	1.6℃
Delta T 值	10.1

小四位温谱图（西）

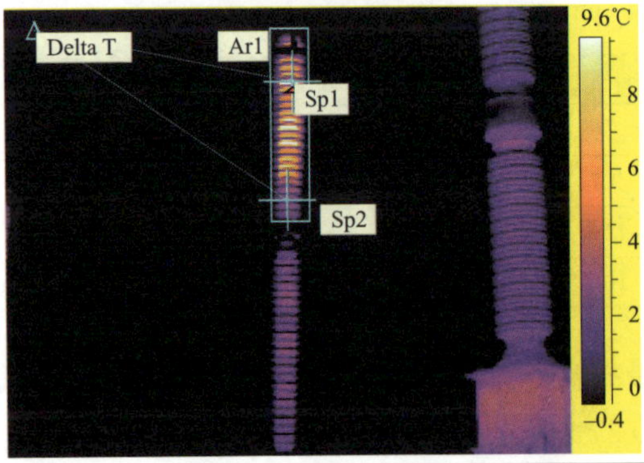

Ar1 最高温度	12.9℃
Sp1 温度	12.9℃
Sp2 温度	0.3℃
Delta T 值	12.6

图 6-3 小四位图谱（一）

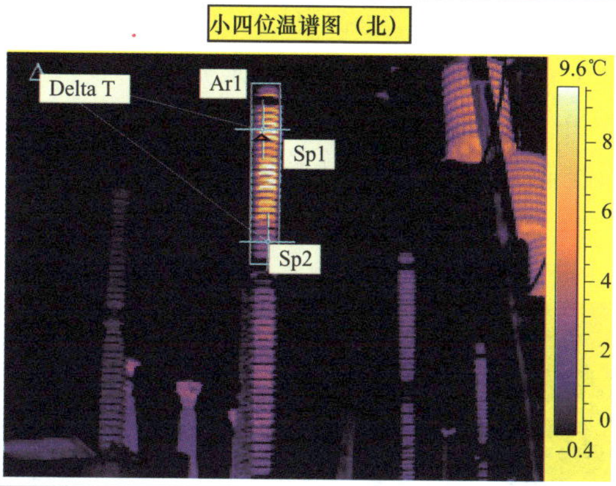

Ar1 最高温度	12.5℃
Sp1 温度	12.5℃
Sp2 温度	1.0℃
Delta T 值	11.6

图6-3　小四位图谱（二）

表6-3　　小四位拍摄结果

温度分布	侧面1	侧面2	侧面3	侧面4
C相上节中上部最高温度 t_{max1}（℃）	12.4	11.7	12.9	12.5
C相上节底部最高温度 t_{max2}（℃）	1.9	1.6	0.3	1.0
局部温差 Δt（K）	10.5	10.1	12.6	11.5

近距离拍摄A相避雷器，四个侧面发热最高温度都在11～12℃，且发热区域主要在上部3/4阀片，下部1/4阀片温度正常，在1℃左右。

从四个侧面看，避雷器的局部温差分别为10.5、10.1、12.6、11.5K，根据DL/T 664—2016《带电设备红外诊断应用规范》要求，避雷器温差应在0.5～1K以内，而A相避雷器上下部位温差都在10～12K，已经明显超出标准。A相避雷器四个侧面均存在过热特征，为贯穿性整体发热，且发热区域为上部3/4阀片处。

3　处理过程

（1）直流泄漏电流试验。220kV某线避雷器停电更换后，试验人员在试验大厅对其进行了直流泄漏电流试验，结果见表6-4。

表6-4　　直流泄漏电流试验

项目 位置	U_{1mA}（kV）	$I_{75\%U1mA}$（μA）	绝缘电阻（MΩ）
A相上节	51	398	95
A相下节	155.3	18	10 000

A 相避雷器上节直流 1mA 电压仅有 51kV，绝缘电阻仅有 95MΩ。而下节正常为 155.3kV，可以看出上节绝缘性能已经严重劣化，造成泄漏电流大幅增加。

（2）故障避雷器解体。检修人员使用专用工具剥除了硅橡胶伞群，并切割开绝缘套筒，过程中已经发现避雷器内腔向外渗水，说明内部已经受潮积水，如图 6－4、图 6－5 所示。

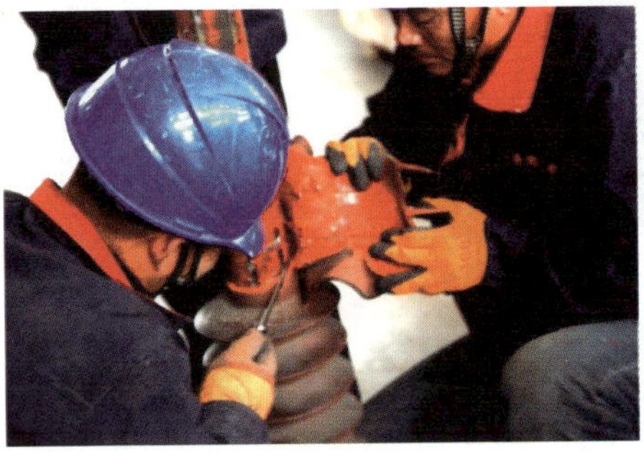

图 6－4　剥除绝缘伞群

图 6－5　内部渗水

观察内部的氧化锌阀片表面，发现散布着大量的白色粉末，而且绝缘套筒内表面上的填充硅胶不均匀，造成了内腔密封不良。大量潮气进入后在避雷器热呼吸作用下析出白色晶体，积聚在阀片外表面，如图 6－6、图 6－7 所示。

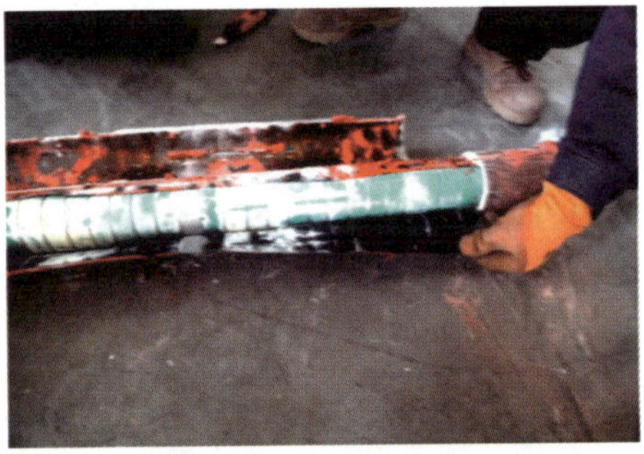

图 6－6　氧化锌阀片

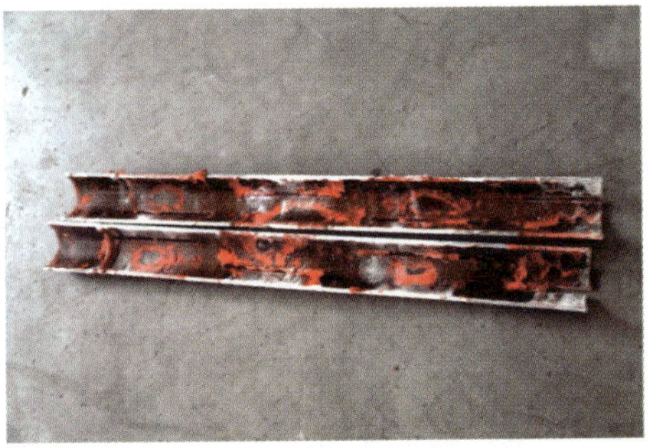

图 6－7　绝缘套筒内表面

观察阀片柱整体，可以发现顶部阀片、上 1/3 处阀片、上 2/3 处阀片都存在大量的白色晶体（见图 6－8），而且底部阀片相对比较光滑整洁，这也表明了避雷器潮气应是从顶部位置进入，逐渐向下渗入到内腔，上部 2/3 的阀片受潮比较严重。在四位一体测温中，诊断出 A 相避雷器发热区域为上部 3/4 阀片，所以受潮区域与发热区域基本相符。

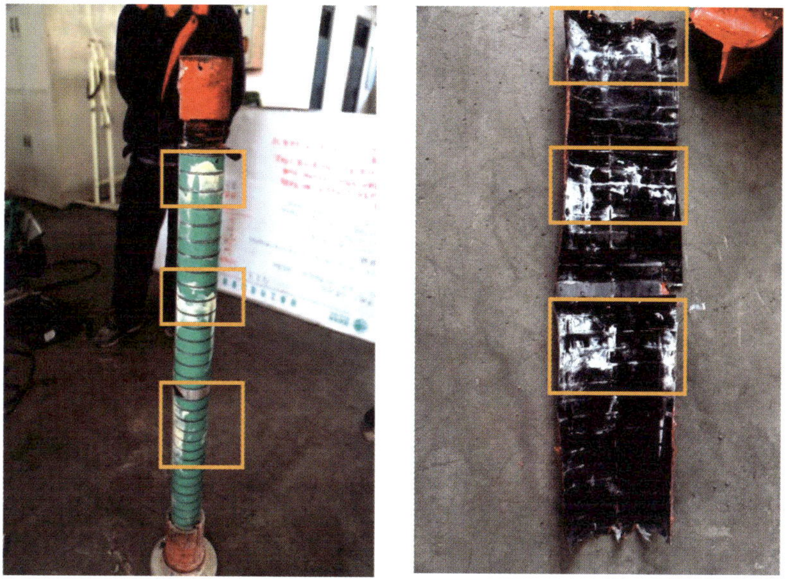

图6-8　避雷器阀片柱

4　经验体会

（1）避雷器发热属于电压致热型，内部故障初期温升较小，一般在0～5K，严重时在5～10K，因此一般测温很难发现其过热特征。在对避雷器测温前，应调节红外热像仪的温标，温宽差值保持在5～10K，再进行电平的整体调整，使画面中避雷器与背景颜色达到最佳的对比度，以利于对发热位置的判断和定位。

（2）避雷器测温宜采用四位一体测温法，包括大四位和小四位拍摄。大四位拍摄就是将从四个不同方位将三相避雷器拍摄到同一张图谱中，通过直观比较锁定有异常发热的避雷器。小四位拍摄是从四个不同方位对异常相避雷器进行拍摄，锁定具体的发热位置。四位一体拍摄能够快速捕捉到避雷器局部过热特征，并且对发热位置进行准确定位。

（3）运行中持续电流检测作为一种传统的带电检测手段，对避雷器内部的受潮和老化故障反应较为灵敏。在测试时应尽量采用TV二次电压感应法，以保证测量的各电流组分含量、相位角准确。对于出现电流组分异常变化的避雷器，应结合红外精确测温进一步分析。

案例 7 220kV 避雷器进水发热检测分析

1 案例经过

2015 年 10 月 9 日，变电运维人员在进行设备巡视时，发现 2 号主变 220kV 侧 C 相避雷器在线监测仪读数偏大（C 相，1050μA），其余两相读数均正常（A 相，625μA；B 相，550μA）。在接收到该信息后，电气试验班组织人员于 10 日夜间配合运维人员对该组避雷器进行了红外精确测温和泄漏电流带电检测复核。结果发现 C 相避雷器上部明显发热，高出正常相 2.7K；C 相避雷器总电流峰值达 1023μA，是其他两相的 1.78 倍，超过了 Q/GDW 1168—2013《输变电设备状态检修试验规程》规定的 0.5 倍的注意值，按照规程规定应停电检查。

2 检测分析

2015 年 10 月 10 日，电气试验班对 2 号主变 220kV 侧避雷器进行红外精确测温复检时发现，C 相避雷器上节明显发热，达 6.1℃，高出正常相相同部位 2.7K，DL/T 664—2016《带电设备红外诊断应用规范》中允许的相间温差为 0.5～1K，初步判定避雷器内部存在缺陷，图 7－1、图 7－2 为 C 相避雷器和正常相避雷器的红外图像。

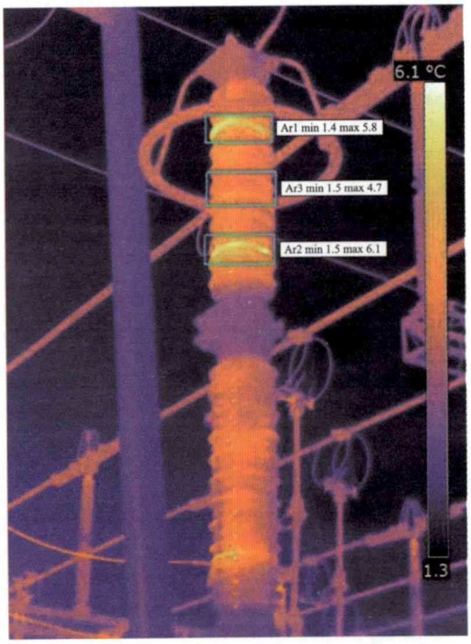

图 7－1 C 相避雷器红外图像

图 7－2 正常相避雷器红外图像

发现异常后，电气试验班对避雷器进行了阻性电流带电检测。经工作人员反复测量，得出该三相避雷器泄漏电流数据见表 7－1，其中 C 相阻性电流严重超标，超过上次试验值 8 倍以上。

表 7－1　　避雷器带电测试数据表

设备型号	电压等级	测试日期	温度	相对湿度	相位	系统电压（kV）	泄漏电流（μA）						
							I_x	I_{xp}	I_{rp}	I_{r1p}	I_{c1p}	P_1（W）	ϕ_{u-I}（°）
Y10W－200/520	220kV	2015.4.22	19℃	50%	A	133.6	644	888	111	92	906	8.774	84.14
					B	133.6	531	735	32	24	750	2.279	88.15
					C	133.6	538	733	96	77	756	7.33	84.14
Y10W－200/520	220kV	2015.10.10	6℃	45%	A	132.7	632	865	106	89	901	8.709	84.13
					B	132.7	514	685	40	23	708	2.326	87.99
					C	132.7	1023	1357	837	833	1051	75.84	51.61

由表 7－1 中可以看出，A、B 相避雷器数据均正常，C 相阻性电流基波峰值达 833μA，是上次试验值的 10 倍；容性电流峰值达 1051μA，高出上次试验值 295μA；总电流峰值达 1357μA，是其他两相的 2 倍。按照 Q/GDW 1168—2013《输变电设备状态检修试验规程》规定，当阻性电流增加 0.5 倍时应缩短试验周期并加强监测，增加 1 倍时必须停电检查。对比避雷器在线监测仪读数与全电流 I_x 读数接近，阻性电流 I_{rp} 严重超标，表明避雷器内部存在受潮。排除影响测试的外界因素，结合该避雷器红外图谱发热异常情况，确定该相避雷器存在受潮和阀片老化情况。

3　隐患处理情况

在确定避雷器内部受潮和阀片老化后，向运维检修部汇报了检测情况，在研究后决定结合某站 2 号主变退运更换工作于 10 月 15 日对该相避雷器进行处理。10 月 15 日检修人员将 2 号主变 220kV 侧 C 相避雷器进行拆除，并更换试验合格的新避雷器。更换前试验班人员对新的避雷器进行了试验，数据见表 7－2。

表 7－2　　新避雷器试验数据

型　　号	YH10W－200/520	持续运行电压	155kV
额定电压	200kV	直流 1mA 参考电压	≥290kV

续表

出厂编号		213	出厂日期	2015.8
相　别		1mA 直流参考电压（kV）	$0.75U_{1mA}$ 下的泄漏电流（μA）	
C	上节	150.4	12	
	下节	150.5	12	

等 2 号主变更换完毕投运后，在对更换的避雷器进行跟踪监测。存在缺陷的避雷器运回后首先进行了直流泄漏电流试验，数据见表 7-3。

表 7-3　　缺陷避雷器试验数据

相　别		1mA 直流参考电压（kV）	$0.75U_{1mA}$ 下的泄漏电流（μA）
C	上节	121.4	212
	下节	148.9	20

从试验数据可以看出 C 相避雷器上节的泄漏电流 $I_{75\%U1mA}$ 远远超出了小于 50μA 的规程要求。随后对其进行了解体，打开顶部法兰后，可以看到封盖内部已经氧化变绿，如图 7-3 所示。取出弹簧和引流电极，可明显发现弹簧已经受潮锈蚀，如图 7-4 所示。由此可基本判断该避雷器是由于顶部端盖密封不严进水导致避雷器受潮老化。

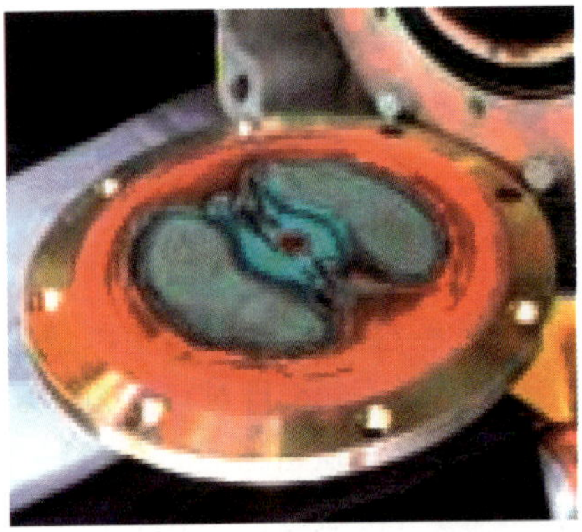

图 7-3　避雷器上封盖

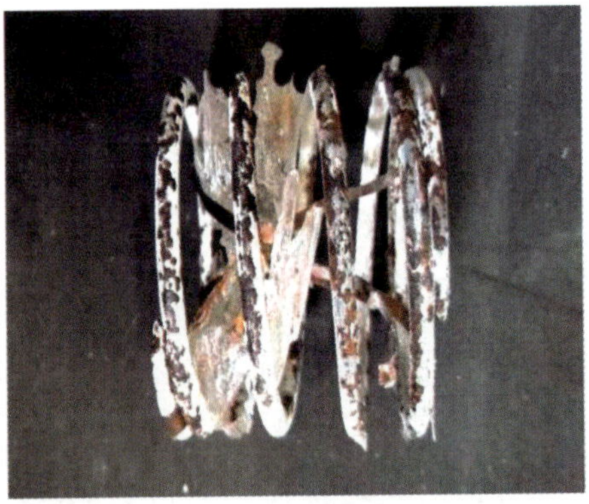

图 7-4　避雷器内部弹簧和引流电极

继续解体，取出避雷器内部的氧化锌阀片，可明显发现阀片的受潮氧化痕迹，如图 7-5、图 7-6 所示，分别为上数第 3、4 节，下数第 2、3 节处，与红外图谱中发热处相对应。可以判定雨水从避雷器顶部端盖渗入后向下流到串联氧化锌阀片处，造成氧化锌阀片受潮并初步老化，导致泄漏电流明显增加。同时，由于阻性电流增大加之阀片老化使该处损耗增大，温度异常升高。

图 7-5　避雷器上数第 3、4 节

图 7-6　避雷器下数第 2、3 节

4　经验体会

（1）该避雷器泄漏电流数据异常系设备运行中内部受潮、阀片老化导致，同时阻性电流增大造成阀片发热异常。所以针对避雷器泄漏电流异常的情况，要提高认识，遇到类似的情况时要结合红外热成像检测和泄漏电流带电测试进行综合分析。

（2）做好避雷器定期带电检测工作，发现隐患及时上报处理。当数据异常时要综合分析，逐项排除，并结合其他试验项目进行判断。

案例8 220kV母线避雷器阀片接触不良红外检测

1 案例经过

220kV某变电站220kV 1号母线避雷器，型号为YH10W－216/562，外绝缘为复合绝缘，2011年10月19日投运。2015年5月14日检修人员罗某、孟某按照巡检计划对220kV某站进行设备巡视和红外测温时，发现220kV 1号母线C相避雷器下节瓷套伞裙发现局部发热，最高温度25.4℃，比同节上部高2.2K。根据红外测温图谱和DL/T 664—2016《带电设备红外诊断应用规范》分析判断此缺陷属于电流致热型缺陷。

发现问题后，检修人员立即上报运维检修部，运检部积极联系厂家购置备件准备更换，同时检修、运维人员多次对220kV 1号母线避雷器进行跟踪复测。6月12日运维人员宋某、马某对220kV 1号母线避雷器复测发现C相下节局部温差增大到3.2K。7月16日，检修人员王某、孟某对220kV 1号母线C相避雷器进行跟踪检测发现C相避雷器下节局部温差高达6.4K。设备到货后变电运检室于7月17日对220kV 1号母线避雷器进行更换，并对C相避雷器进行诊断性试验及解体检查，确认该避雷器内部存在缺陷，属设备制造质量问题。由于发现及时，避免了因避雷器劣化引发重大事故。

2 检测分析

（1）2015年5月14日避雷器带电检测。2015年5月14日检修人员罗某、孟某带电检测发现220kV 1号母线C相避雷器下节瓷套伞裙发现局部发热，最高温度25.4℃，比同节上部高2.2K。设备带电检测的红外热成像如图8－1所示。

（2）2015年6月至7月避雷器跟踪复测。6月12日运维人员宋某、马某对220kV 1号母线避雷器复测发现C相下节局部温差达3.2K，

2015年7月16日，检修人员王某、孟某对220kV 1号母线C相避雷器进行跟踪带电检测工作，发现220kV 1号母线C相避雷器下节温差高达6.4K，经分析避雷器发热部位有加速发展的趋势。

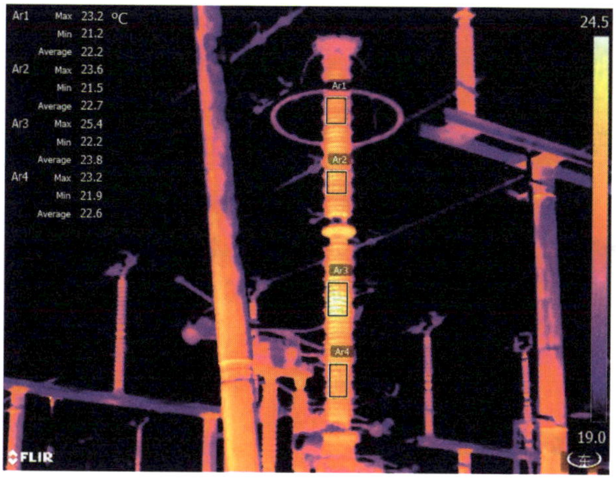

图 8-1　避雷器红外热成像

3　隐患处理情况

2015 年 7 月 17 日，变电运检室变电检修一班办理第一种工作票对 220kV 1 号母线避雷器进行消缺处理。具体处理过程为：更换新的避雷器（均压环、计数器），设备线夹处涂抹电力复合脂。对拆除的避雷器进行诊断性试验，查明发热原因。运维人员检查避雷器更换正常，现场清洁，避雷器上无其他遗留物后办理工作票终结。送电后运维、检修人员及时对 220kV 1 号母线避雷器进行多次跟踪测温，均正常。

（1）避雷器诊断性试验。对避雷器进行直流 1mA 下的电压及 75%该电压下的泄漏电流试验，检查避雷器阀片老化程度和受潮情况。试验数据见表 8-1，一切正常，无法判断出避雷器发热原因。

表 8-1　　避雷器诊断性试验数据

相别		绝缘电阻（MΩ）	1mA 直流参考电压（kV）	75%1mA 临界电压（kA）	$0.75U_{1mA}$ 下的泄漏电流（μA）
A	上节	36 000	163.5	122.625	43
	下节	36 800	162.5	121.875	48
B	上节	36 500	161.8	121.35	42
	下节	36 900	162.3	121.725	46
C	上节	37 500	161.8	121.35	43
	下节	37 600	164.5	123.375	47

（2）避雷器解体检查。避雷器诊断性试验数据正常，无法判断其发热原因，需对 220kV 1 号母线 C 相避雷器下节进行解体，解体过程中发现以下问题。

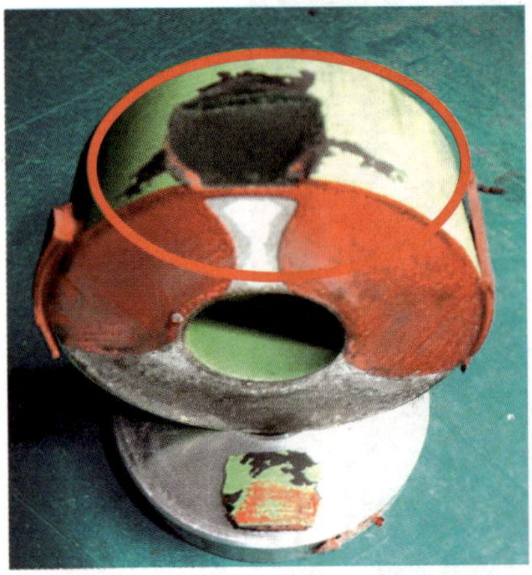

图 8-2 有损伤金属氧化物阀片

1）避雷器金属氧化物阀片有损伤。避雷器解体后发现，第 9 片金属氧化物阀片有损伤，如图 8-2 所示。该部位属于阀片本身缺陷，属产品质量问题，判断不是发热的原因。

2）避雷器金属氧化物阀片有复合绝缘材料。避雷器解体后发现，第 9 片金属氧化物阀片有 50%的面积被复合绝缘材料覆盖，且与金属垫片之间有 50%的烧伤面积，第 10 片金属氧化物阀片与金属垫片之间有 100%的面积被复合绝缘材料覆盖，属产品质量问题。经初步分析是由于外绝缘护套在浇注过程中工艺不佳，导致复合绝缘材料进入阀片间造成接触不良引发设备发热。

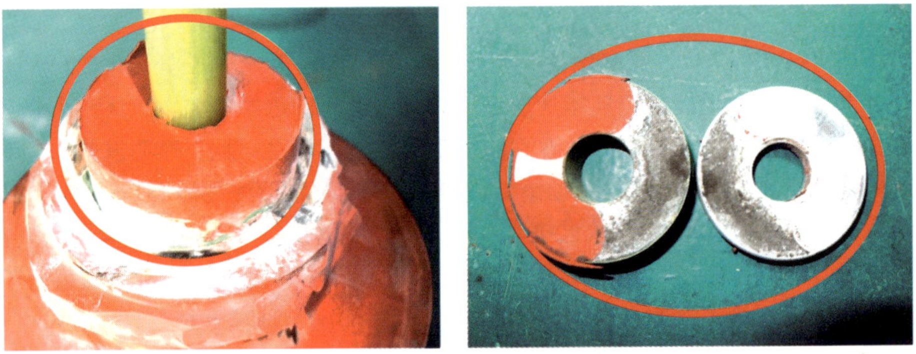

图 8-3 第 9 片金属氧化物阀片实物照片

4 经验体会

（1）避雷器的厂家众多，设备制造质量也是有很大差异。避雷器长时间运行易受电场及外界自然因素影响从而产生缺陷，如不及时发现并消除，将对电网安全稳定运行造成极大威胁。

（2）按照运行经验，避雷器在运行过程中，由于阀片老化、外绝缘子老化裂纹、制造质量不良等原因容易出现局部过热等缺陷。对此运维、检修人员在测温时应加以足够重视。

（3）红外测温等带电检测是及时发现避雷器发生劣化（受潮）等问题的有效手段。通过对避雷器红外测温图谱进行分析，查找出温度过高部的具体部位，有助于判断避雷器设备内部是否含有劣化（受潮）等隐蔽性缺陷。

（4）当避雷器劣化（受潮）缺陷趋于严重时，其下端的避雷器泄漏电流表的读数将增大。因此运行人员巡视时应给予关注，加强数据监测，一旦发现避雷器下端泄漏电流表数值突然增大，应及时向上级部门进行汇报，安排故障定性检测。

案例 9　220kV 避雷器阀片劣化发热检测分析

1　案例经过

220kV 某变电站地处水泥厂附近，现场环境恶劣，在避雷器例行试验中多次发现 U_{1mA} 和 75%U_{1mA} 超过规程规定的注意值。对避雷器进行了更换，并对更换的避雷器进行了解体查看，发现更换后的避雷器存在避雷器局部受潮及阀片老化的问题。为保障变电站的安全稳定运行，某公司对某变电站避雷器采用红外测温和避雷器运行电压下通过的阻性电流等带电测试手段加强检测，随时检测避雷器的运行状态。2015 年 5 月 15 日晚，在对某变电站的避雷器进行精确红外测温时，发现 220kV 某线三相避雷器的上节存在局部过热现象，其中 A 相上节最大温差为 8.3K、B 相上节最大温差为 5.2K、C 相上节最大温差为 5.2K。根据春检停电安排，对某线避雷器进行了停电试验，发现某线避雷器上节存在阀片劣化现象，并对某线避雷器进行了更换，送电运行后再次进行红外检测，结果无异常。

2　检测分析

2015 年 5 月 15 日 20 时 05 分，某公司电气试验一班及变电检修二班对 220kV 某变电站开展红外精确测温工作。利用红外成像图像分析软件对此次精确红外测温的某线避雷器的三相图谱分别进行分析，如图 9－1、图 9－2 所示。

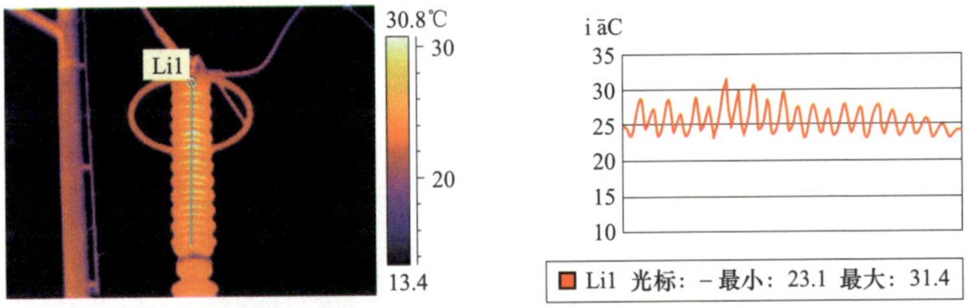

图 9－1　某线 A 相避雷器上节温度分布曲线

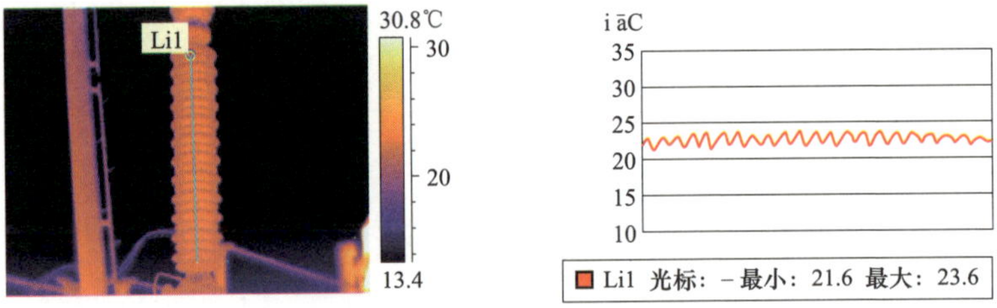

图 9－2　某线 A 相避雷器下节温度分布曲线

对比图 9–1 和图 9–2 某线 A 相避雷器上下两节的温度分布曲线可以得出，某线 A 相避雷器上节最大温差为 8.3K，且上节的最高温度为 31.4℃，下节最高温度为 23.6℃，上下节的温差为 7.8K。根据 DL/T 664—2016《带电设备红外诊断应用规范》要求，该避雷器上节温差大于 0.5～1K 时，需对该避雷器开展避雷器运行电压下交流泄漏电流阻性分量带电检测。最终从温度分布曲线得出，某线 A 相避雷器上节存在局部发热现象，发热位置位于避雷器的中上部。

对比图 9–3 和图 9–4 某线 B 相避雷器上下两节的温度分布曲线可以得出，某线 B 相避雷器上节最大温差为 7.4K，且上节的最高温度为 29.4℃，下节最高温度为 23.3℃，上下节的温差为 6.1K。根据 DL/T 664—2016《带电设备红外诊断应用规范》要求，该避雷器上节温差大于 0.5～1K 时，需对该避雷器开展避雷器运行电压下交流泄漏电流阻性分量带电检测。最终从温度分布曲线得出，某线 B 相避雷器上节存在局部发热现象，发热位置位于避雷器的中部偏下位置。

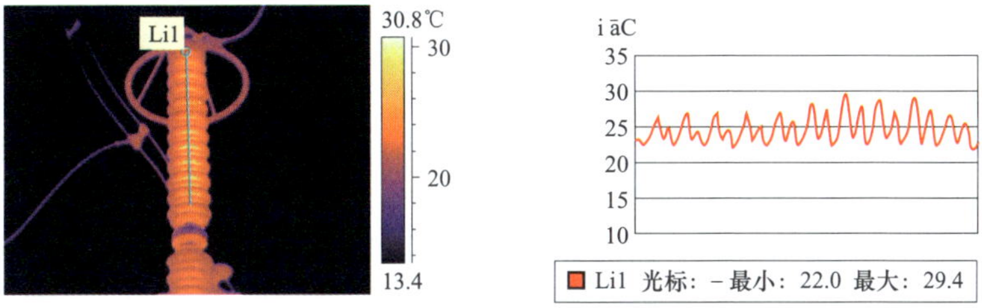

图 9–3　某线 B 相避雷器上节温度分布曲线

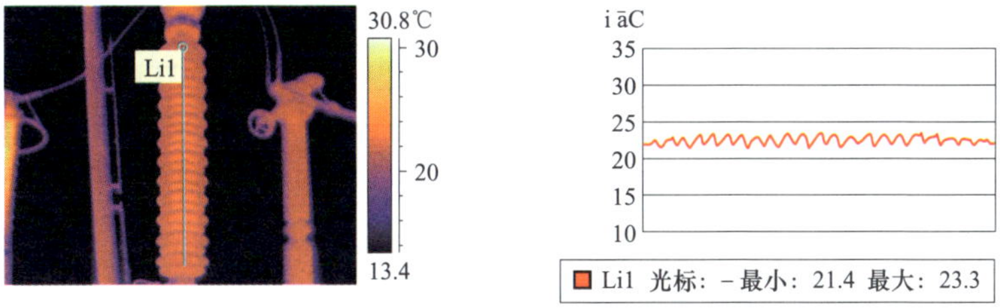

图 9–4　某线 B 相避雷器下节温度分布曲线

对比图 9–5 和图 9–6 某线 C 相避雷器上下两节的温度分布曲线可以得出，某线 C 相避雷器上节最大温差为 5.2K，上节的最高温度为 26.8℃，下节最高温度为 23.9℃，上下节的温差为 2.9K。根据 DL/T 664—2016《带电设备红外诊断应用规范》要求，该避雷器上节温差大于 0.5～1K 时，需对该避雷器开展避雷器运行电压下交流泄漏电流阻性分量带电检测。最终从温度分布曲线得出，某线 C 相避雷器上节存在局部发热现象，发热位置位于避雷器的中部偏位置，A、B 两相避雷器局部发热现象要比 C 相避雷器严重。

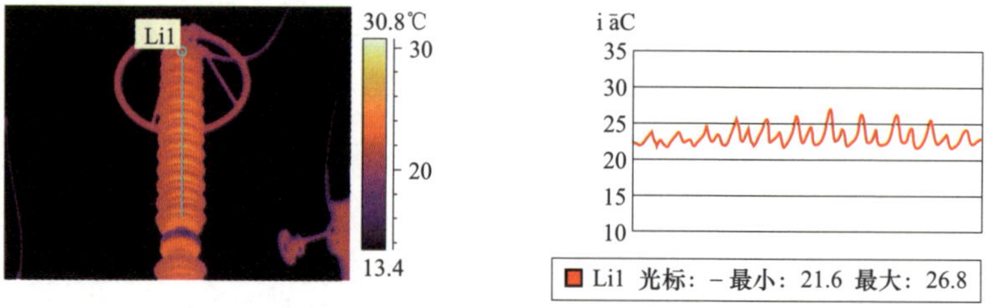

图 9-5 某线 C 相避雷器上节温度分布曲线

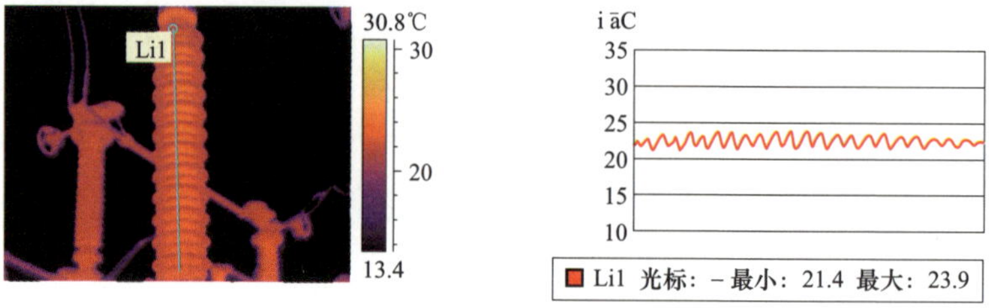

图 9-6 某线 C 相避雷器下节温度分布曲线

结合某变电站某线的例行试验检修，对避雷器进行了停电试验，停电试验结果见表 9-1。

表 9-1 某线避雷器停电试验数据

名称	编号	绝缘电阻（MΩ）	U_{1mA}（kV）	$I_{75\%U_{1mA}}$（μA）
某线 A 相	上节	10 000	124.2	390
	下节	10 000	156.1	24
某线 B 相	上节	10 000	125	265
	下节	10 000	150.2	17
某线 C 相	上节	10 000	133	300
	下节	10 000	147	68

根据某线避雷器的停电试验数据，结合避雷器多次跟踪的红外图谱分析，可以得出某线避雷器上节存在阀片劣化现象。为确保某变电站变电设备安全稳定运行，某公司结合本次停电检修对某线避雷器进行了更换。

3 隐患处理情况

某公司变电检修室检修人员 5 月 20 日从仓库找出三只 YH10WZ－204/532 合格的备品避雷器，对存在发热现象的 220kV 某线避雷器进行了更换。对拆除后的 220kV 某线 B 相异常避雷器进行了解剖，从整体上看避雷器上半部分阀片分布着较大范围的白色颗粒物，如图 9－7 所示，应是避雷器内部阀片劣化后的残留痕迹。5 月 21 日工作人员对送电运行后的新避雷器进行红外精确测温，结果显示避雷器温度分布正常，如图 9－8 所示。

图 9－7　解剖后的某线 B 相异常避雷器内部阀片

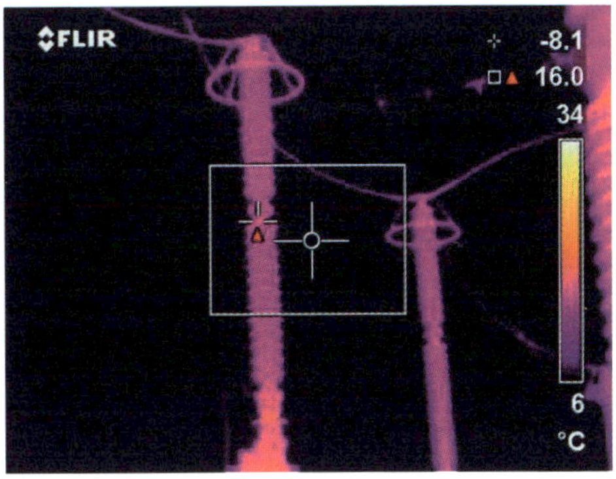

图 9－8　更换后的某线避雷器红外线检测温度分布

4　经验体会

（1）利用红外热像检测技术能够很直观、很清晰地发现电流致热型设备的缺陷，但用于避雷器等电压致热型设备发现问题的难度相对较大。在发现避雷器出现发热缺陷时不要盲目下结论，要对避雷器进行跟踪测试，并且尽可能选择最理想的测试条件，同时结合避雷器运行电压下交流泄漏电流阻性分量带电检测。

（2）避雷器等电压致热型设备的红外测温多采用高精度红外测温仪，高精度红外测温仪能够分辨出细微的温度差别。

案例 10　220kV 避雷器阀片劣化发热异常分析

1　案例经过

某公司 220kV 某站 220kV 某线避雷器由某电力公司生产，型号为 YH10WZ－200/520，2003 年 5 月投运。

2018 年 4 月 16 日运维人员在对 220kV 某变电站进行红外测温，发现 220kV 某线避雷器（红外图像，见图 10－1、图 10－2）A 相上节整体温度高于 A 相下节整体温度，最高温度温差 0.5K，B 相上节整体高于 A 相上节温度，最高温度温差 1.6K，B 相上节整体高于 B 相下节温度，最高温度温差 2.2K，C 相上节整体温度高于 C 相下节整体温度，最高温度温差 0.8K。根据 DL/T 664—2016《带电设备红外诊断应用规范》要求，温差大于 0.5K 以上为异常，判断 A 相、B 相、C 相避雷器测温结果异常，分析可能为设备受潮或劣化引起，建议开展阻性电流等测试，结合停电处理。

2018 年 5 月 21 日，变电检修室变电检修二班办理第一种工作票对发热的某线避雷器进行更换。

2　检测分析

（1）红外测温。2018 年 4 月 16 日运维人员在对 220kV 某变电站进行红外测温，发现 220kV 某线避雷器上节整体高于下节，各相存在温差。红外图谱如图 10－1～图 10－3 所示，对避雷器进行阻性电流带电检测，检测数据见表 10－1。

Ar1	Max	24.6 °C
Ar2	Max	24.1 °C
参数		
辐射率		0.9
反射温度		26 °C
地理位置		
指南	南	

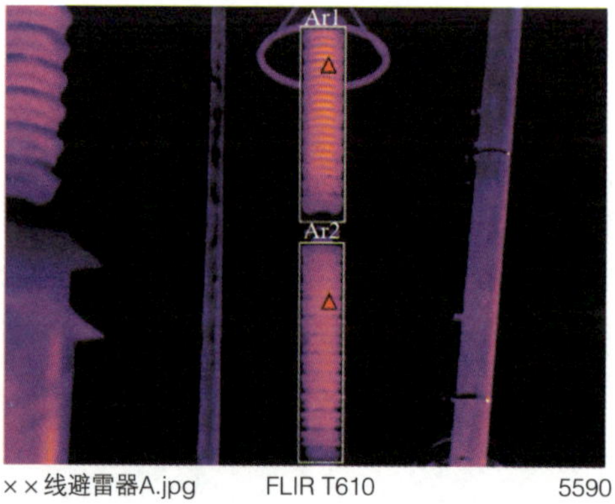

××线避雷器A.jpg　　FLIR T610　　5590

图 10－1　A 相图谱

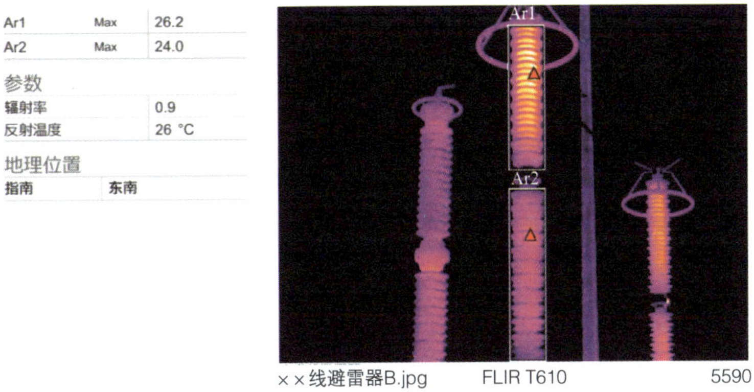

图 10－2　B 相图谱

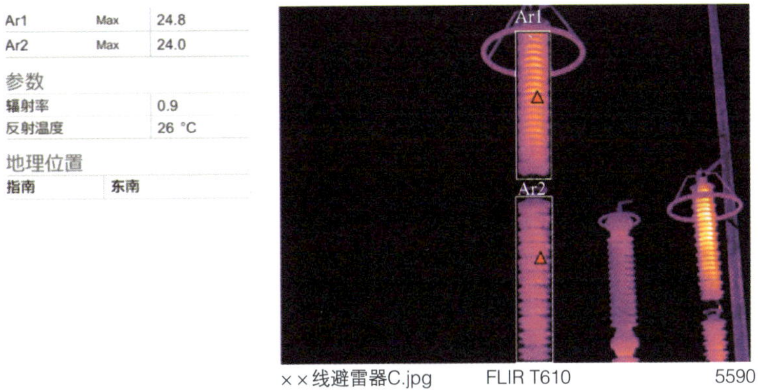

图 10－3　C 相图谱

表 10－1　　某站 220kV 某线避雷器阻性电流带电检测数据

站名	设备名称	环境温度	环境相对湿度	Ar1（上节）	Ar2（下节）
220kV 某变电站	220kV 某线避雷器 A 相	5℃	30%	24.6℃	24.1℃
220kV 某变电站	220kV 某线避雷器 B 相	5℃	30%	26.2℃	24.0℃
220kV 某变电站	220kV 某线避雷器 C 相	5℃	30%	24.8℃	24.0℃

从检测数据可知，A 相上节整体温度高于 A 相下节整体温度，最高温度温差 0.5K；B 相上节整体高于 A 相上节温度，最高温度温差 1.6K，B 相上节整体高于 B 相下节温度，最高温度温差 2.2K；C 相上节整体温度高于 C 相下节整体温度，最高温度温差 0.8K。根据 DL/T 664—2016《带电设备红外诊断应用规范》规定，温差大于 0.5K 以上为异常。该避雷器异常的可能原因是自 2003 年 5 月投运已经十多年了，加上某站运行环境相对较差，设备受潮或劣化引起设备内部缺陷。

（2）阻性电流带电检测。4 月 16 日判断某线避雷器 A、C 相上节测温结果异常后，电气试验一班随后进行了阻性电流测量。4 月 23 日第二次复测时同样进行了阻性电流测量，阻性电流带电检测结果见表 10－2。A、C 相避雷器阻性电流与 B 相比较偏高。

表 10－2　　某站 220kV 某线避雷器阻性电流带电检测数据

日期＼相别	I_X（μA）			I_{rp}（μA）			I_{r1}（μA）		
	A	B	C	A	B	C	A	B	C
2017 年 5 月 18 日	**585**	528	552	**89**	76	87	88	78	81
2018 年 4 月 16 日	**645**	477	565	**96**	113	93	68	63	60
2018 年 4 月 23 日	**694**	571	600	**117**	86	91	75	60	64

由表 10－2 数据可知，某线 A、C 相避雷器全电流和阻性电流均有增大趋势，但不排除 4 月 23 日降雨的影响，在同一次测试中 A、C 两相的全电流和阻性电流均大于 B 相。结合红外测温，A 相上节红外测温已有明显整体发热，最大相间温差为 6.4K。C 相发热靠近下方，与 B 相得最高相间温差为 1.4K。建议加强监测，结合停电计划对某线避雷器进行更换。

3　隐患处理情况

变电检修室变电检修二班工作组于 2018 年 5 月 21 日完成对发热的 220kV 某线避雷器的更换工作。为进一步探究避雷器发热原因，工作组成员对拆除后的 220kV 某线 C 相异常避雷器进行了解剖。从整体上看，避雷器上半部分阀片分布着较大范围的白色颗粒物，如图 10－4 所示，应是避雷器内部阀片劣化后的残留痕迹。

图 10－4　解剖后的某线 C 相异常避雷器内部阀片

新避雷器安装前，首先对避雷器、监测装置元件进行检查；对避雷器进行组装，避雷器均压环与本体连接，确保连接良好，装配牢靠、水平、不倾斜；对地、对中间法兰的空气间隙距离符合标准，新设备安装完毕后进行修后试验，如图 10－5、图 10－6 所示。5 月 24 日工作人员对送电运行后的新避雷器进行红外精确测温，结果显示避雷器温度分布正常。经测试设备正常可以投入正常运行，隐患现已消除。

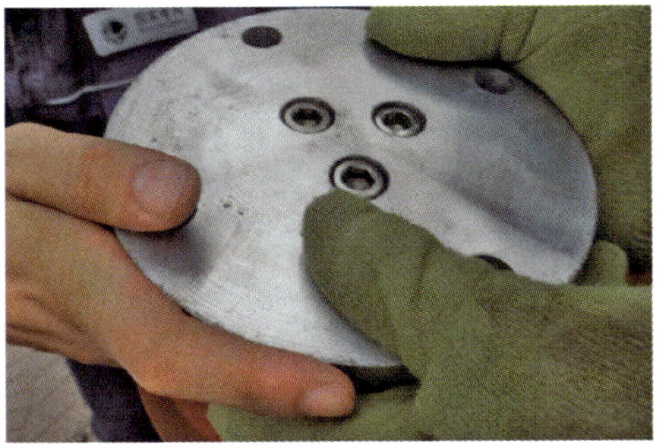

图 10-5　新避雷器安装

图 10-6　更换后的避雷器

4　经验体会

（1）避雷器用于保护电气设备免受高瞬态过电压危害并限制续流时间，如果避雷器存在故障或缺陷，不仅起不到保护作用，严重时还会影响其他设备的运行。

（2）避雷器发热属于电压致热型，温度升高不明显，因此，用测温仪测试过程中不易被发现。为此，在测试避雷器前，需调节红外测温仪使画面背景颜色呈暗紫色或更深的颜色，温宽调节到 5～6K，电平调到正常避雷器的温度。画面中被测避雷器与背景颜色能明显区分开，避雷器轮廓清晰，能看到层次分明的伞裙。

（3）避雷器红外测温发现异常后，应对问题避雷器进行阻性电流测试。采用多种手段综合分析能够更为准确地判定故障，这样可有效避免外界因素对一种测试项目造成干扰导致的结果误判。

案例 11　110kV 避雷器本体过热检测分析

1　案例经过

220kV 某站 110kV 某线 109 间隔氧化锌避雷器，型号 YH10W－102/266，2015 年 4 月投运。2018 年 8 月 8 日，变电检修室电气试验班人员对该站进行带电测试过程中，发现 110kV 某线 109 间隔 C 相避雷器本体温度异常，该相发热点最高温度 48.2℃，正常相 A、B 相温度分别 40.6℃、40.5℃，相间最大温差为 7.7K。试验人员随后对避雷器进行阻性电流测试，C 相避雷器全电流、阻性电流、有功功率参数与历史数据相比均有明显增长趋势。和上次测试结果进行比较，C 相氧化锌避雷器全电流增长了 136%，阻性电流增长了 1890%，据此初步判断避雷器内部有受潮劣化缺陷。试验人员立即将此相关情况向公司汇报，申请对该设备进行停电处理。

8 月 8 日 17 时，将某线 109 间隔停电后进行诊断试验，试验结果显示 C 相避雷器绝缘性能严重降低，将其解体后发现避雷器内部阀片受潮严重。由于发现及时，成功避免了一起避雷器过热引发的避雷器击穿，进而导致线路单线接地故障，避免了该线路所带 110kV 某某变电站、110kV 某变电站非计划停电可造成的六级电网事件、七级设备事件。

2　检测分析

（1）避雷器红外测温分析。对 220kV 某站进行带电测试过程中，发现 110kV 某线 C 相避雷器温度异常，三相红外测温图谱如图 11－1 所示。C 相避雷器明显电压制热型缺陷，C 相发热点位于避雷器中间偏上部，最高温度 48.2℃，正常相 A、B 相温度分别 40.6℃、40.5℃，相间最大温差为 7.7K，各相红外测温图谱如图 11－2～图 11－4 所示。

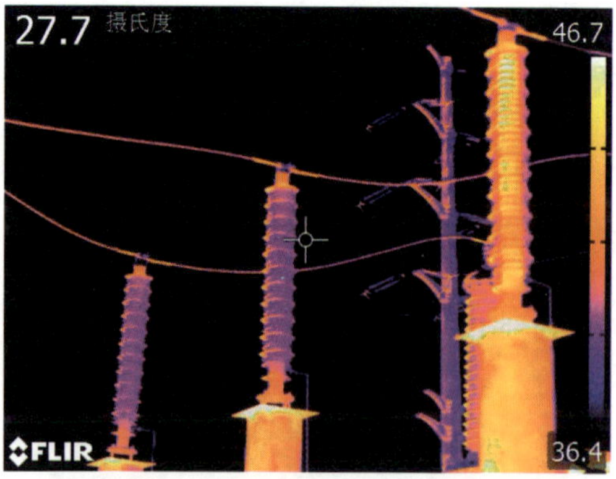

图 11－1　某线避雷器红外图谱

测量		°C
Li1	Max	40.6
	Min	39.9
	Average	40.2
参数		
辐射率		0.9
反射温度		20 °C
地理位置		
指南	东南	

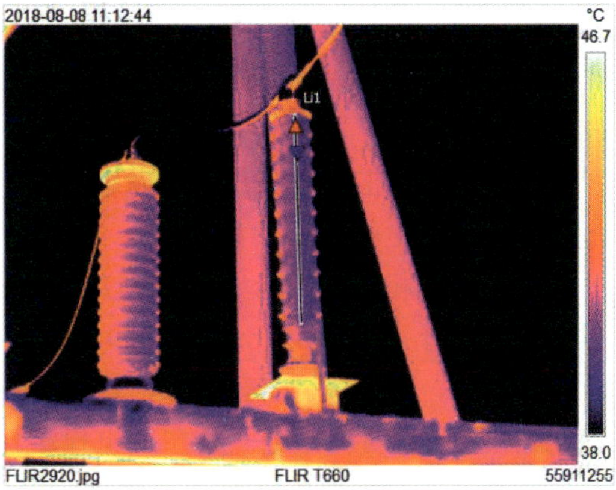

图 11－2　正常相 A 相红外测温图谱

测量		°C
Li1	Max	40.5
	Min	39.7
	Average	40.1
参数		
辐射率		0.9
反射温度		20 °C
地理位置		
指南	东南	

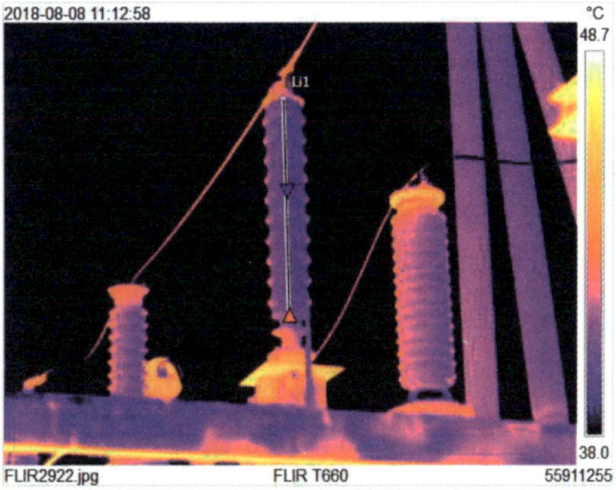

图 11－3　正常相 B 相红外测温图谱

测量		°C
Li1	Max	48.2
	Min	41.0
	Average	43.9
参数		
辐射率		0.9
反射温度		20 °C
地理位置		
指南	东南	

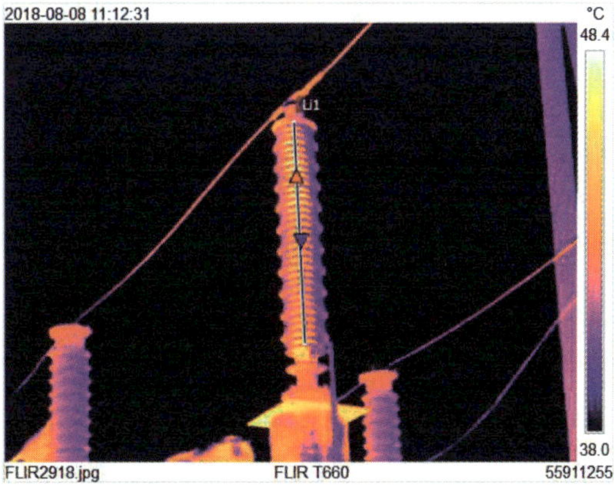

图 11－4　过热相 C 相红外测温图谱

根据 DL/T 664—2016《带电设备红外诊断应用规范》规定，分析此红外测温图谱，可判定此缺陷为紧急缺陷。根据红外图谱的热像特征初步判断该避雷器内部阀片受潮。

（2）避雷器阻性电流带电测试情况。为进一步确定缺陷性质，试验人员随即进行了氧化锌避雷器阻性电流测试。如图 11－5、图 11－6 所示，C 相氧化锌避雷器全电流为 1.136mA，A 相、B 相分别为 0.457mA、0.441mA；A 相、B 相、C 相氧化锌避雷器阻性电流分别为 0.051mA、0.049mA、0.856mA。和上次测试结果（见图 11－7）进行比较，C 相氧化锌避雷器全电流增长了 136%，阻性电流增长了 1890%，相关数据已远超《国家电网公司变电检测管理规定》标准，表明避雷器存在严重缺陷，随时可能发生内部击穿甚至爆炸。

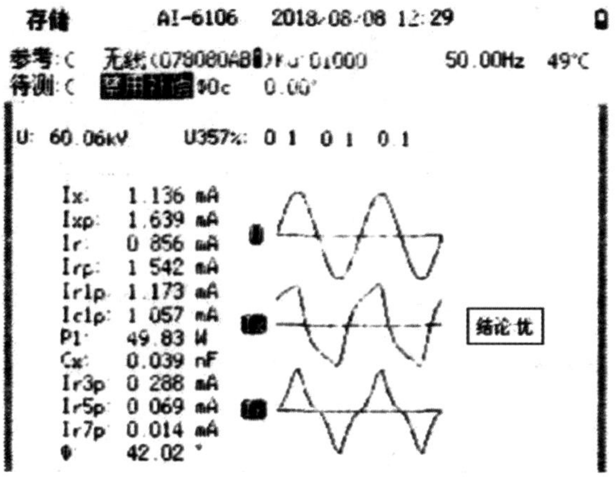

图 11－5　氧化锌避雷器阻性电流 C 相测试结果

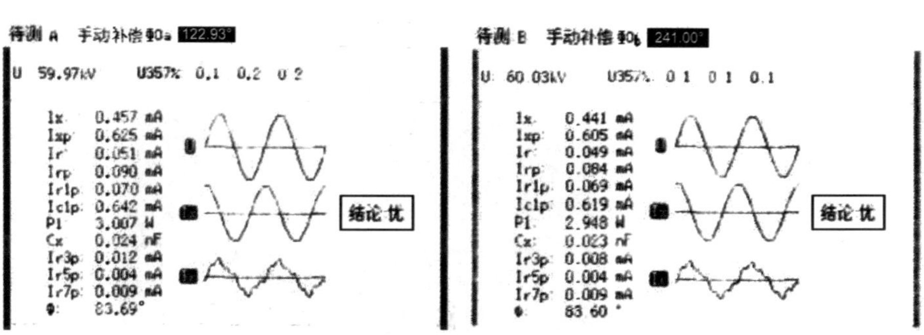

（a）　　　　　　　　（b）

图 11－6　氧化锌避雷器阻性电流 A、B 相测试结果

（a）A 相；（b）B 相

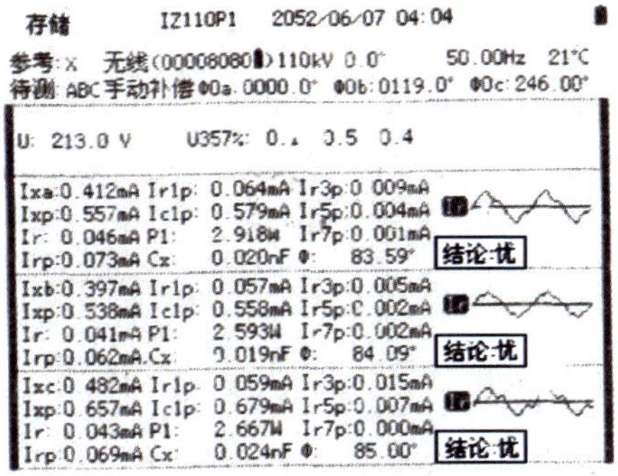

图 11－7　2018 年 4 月 3 日氧化锌避雷器阻性电流测试结果

（3）避雷器停电试验情况。8 月 8 日，将某线停电后，对 C 相避雷器进行停电试验，试验数据见表 11－1。

表 11－1　110kV 某线 C 相避雷器诊断试验结果

测试日期	本体绝缘（MΩ）	直流 1mA 电压（kV）	泄漏电流（μA）
2018.8.8	100 000	118	472
2016.1.19	100 000	154.2	5

C 相避雷器直流 1mA 电压较交接值降低了 23.5%，泄漏电流增长了约 9400%，已超过规程标准，说明避雷器内部阀片受潮严重，绝缘特性降低明显。

试验人员立即将相关情况向相关人员进行了汇报，检修人员对 C 相避雷器进行了更换。

3　隐患处理情况

9 月 4 日，试验人员和检修人员将 110kV 某线 C 相避雷器进行解体，以确定缺陷发生原因。解体前检查避雷器外观，避雷器外套硅橡胶部分无明显老化，上下密封结构肉眼观察良好。

将避雷器本体绝缘解剖，将避雷器阀片及金属垫片取出后，发现阀片及金属垫片受潮明显，个别阀片边釉破损。经测量，阀片总长度约 97cm，其中，受损和受潮最严重的阀片处于 50～70cm 处，如图 11－8～图 11－10 所示，和红外测温图谱显示的最热点位置一致。

图 11-8　避雷器下法兰及底座绝缘垫解体图片

图 11-9　避雷器阀片及金属垫片受损情况

图 11-10　避雷器阀片受潮情况

将避雷器阀片按次序排列，发现共有阀片 32 片，其中，26 片有受潮痕迹，12 片有受损痕迹。

通过以上试验分析及外观检查情况，避雷器整体受潮严重，受潮最严重部位为中间偏上部，以 20～25 阀片最为严重。当泄漏电流增大到某一值时，直流参考电压快速下降直至失效。当阀片裂化数量达到一定时，剩余的阀片将无法承担工频运行电压，避雷器将会压力释放造成严重事故。

更换后的避雷器如图 11－11 所示。

图 11－11　更换后的避雷器

4　经验体会

（1）带电检测可及时发现避雷器受潮、劣化等故障，应严格按照规程规定开展相关带电检测工作。如发现避雷器异常，应根据实际情况酌情缩短避雷器检测周期，并综合红外测温、阻性电流测试结果进行综合判断。

（2）避雷器运输过程中，如果防撞措施不完善，可能损坏避雷器绝缘性能。因此，应加强设备验收检查力度，确保设备运输过程的安全。

（3）当避雷器存在的缺陷趋于严重时，其避雷器泄漏电流表的表计读数将缓慢增大，可加强数据监测，一旦发现表计数值突然增大，及时向上级部门进行汇报，安排故障定性检测。

案例 12　220kV 避雷器内部进水发热检测分析

1　案例经过

220kV 某变电站 220kV Ⅰ 母线避雷器型号为：YH10W－204/532，生产日期为 2016 年 8 月，运行时间两年多。

2018 年 6 月 16 日白天，变电检修室电气试验班人员对某站避雷器进行阻性电流带电检测，在测试 220kV Ⅰ 母线避雷器时，发现 A 相阻性电流偏大，阻性电流增大 58.5%，远超过《国家电网公司变电检测管理规定》规定的阻性电流初值差不大于 50%标准值。

为了精确判断避雷器是否存在问题，2018 年 6 月 16 日夜晚，通过红外精确测温发现，220kV Ⅰ 母线避雷器 A 相下节最高温度为 24.1℃，B 相温度为 18.7℃，C 相温度为 18.7℃，相间最大温差为 5.4K。根据 DL/T 664—2016《带电设备红外诊断技术应用导则》要求，已经明显超出标准，A 相避雷器严重过热，且符合内部阀片整体劣化的典型热像特征。

为了保证设备运行可靠，变电检修室结合停电计划，于 2018 年 10 月 29 日对某站 220kV Ⅰ 母线避雷器停电更换，更换后试验通过。

2018 年 11 月 5 日，将该避雷器进行了解体，发现阀片表面多水分，由此判断阀片表面受潮为导致阻性电流增大超标、温度异常的主要原因。

2　检测分析

（1）避雷器阻性电流带电检测。2018 年 6 月 16 日白天，变电检修室试验人员在对 220kV 某变电站进行避雷器阻性电流带电检测，发现 220kV Ⅰ 母线避雷器 A 相避雷器阻性电流与 B、C 两相相比差异明显（见表 12－1），其中，A 相全电流 I_X 分别为 758μA，阻性电流分量 I_R 为 520μA，相位角仅有 62.47°，结论为劣，如图 12－1 所示。

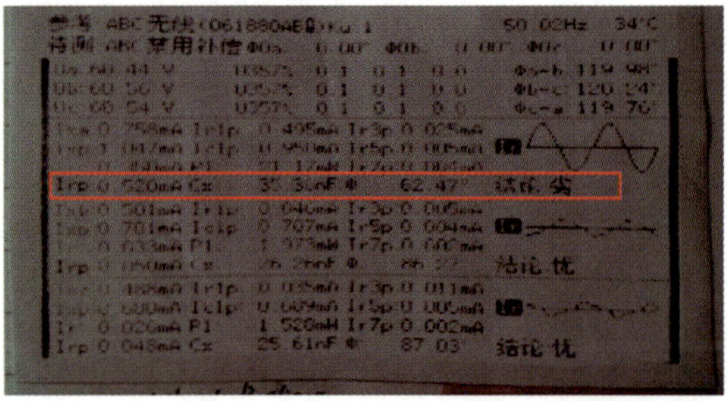

图 12－1　220kV Ⅰ 母线避雷器阻性电流带电检测

表12－1　2018年6月16日220kV Ⅰ母线避雷器阻性电流带电检测数据

相位	全电流（μA）	阻性电流（μA）	阻性电流峰值（μA）	有功功率（mW）	相位角 φ（°）	评价结果
A	758	350	520	21.17	62.47	劣
B	501	33	50	1.973	86.27	优
C	488	26	48	2.001	87.26	优

查阅历史数据，检测日期为2017年2月（见表12－2），A相阻性电流分量峰值为53μA，本次检测值为520μA，增长了881.3%，已经有明显的增长趋势，根据《国家电网公司变电检测管理规定》，避雷器阻性电流初值差应≤50%，该组避雷器A相阻性电流初值差已经超标。

表12－2　2017年2月220kV Ⅰ母线避雷器阻性电流带电检测数据

相位	全电流（μA）	阻性电流（μA）	阻性电流峰值（μA）	有功功率（mW）	相位角 φ（°）	评价结果
A	492	31	53	2.111	86.43	优
B	501	33	50	1.973	86.27	优
C	488	26	48	2.001	87.26	优

（2）红外热像检测。2018年6月16日晚，对该避雷器开展红外热像检测工作，试验人员对某变电站220kV Ⅰ母线避雷器进行精确测温，测温条件为：气温15℃，相对湿度50%，风速0.4m/s。发现某变电站220kV Ⅰ母线避雷器A相存在发热异常，试验人员运用四位一体测温法对避雷器进行拍摄，如图12－2和图12－3所示。

图12－2　220kV Ⅰ母线避雷器三相图谱

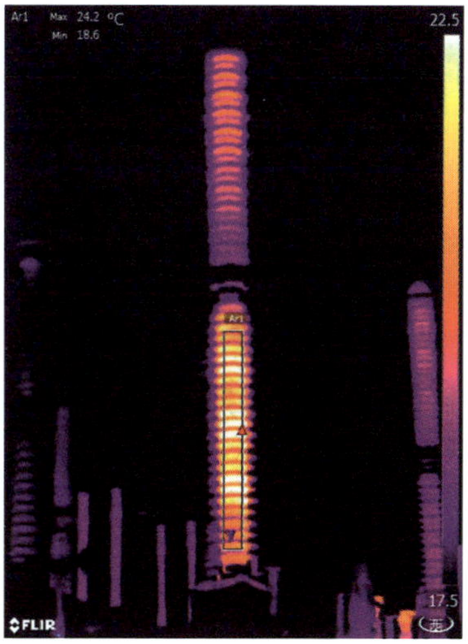

图12－3　220kV Ⅰ母线避雷器A相图谱

通过三相整体拍摄，可以看出，A 相避雷器下节与其他两相相比，存在明显的整体过热特征。测试温度结果见表 12－3。

表 12－3　　红外测温分析结果

A 相下节最低温度	A 相下节最高温度	B 相下节最高温度	C 相下节最高温度	相间最大温差	A 相本体最大温差
18.6℃	24.1℃	18.7℃	18.7℃	5.4K	5.5K

A 相下节避雷器与 B、C 两相的最大温差达到了 5.4K，而且 A 相下节避雷器本体局部间的温差也达到了 5.5K，根据 DL/T 664—2016《带电设备红外诊断技术应用导则》要求，避雷器温差应在 0.5～1K 以内，而 A 相避雷器相间和本体温差都在 5K 左右，已经明显超出标准规定。判断 A 相避雷器严重过热，且符合内部阀片整体劣化的典型热像特征，这与阻性电流带电检测发现的问题完全相符。

3　隐患处理及原因

（1）隐患处理。为了保证设备运行可靠，2018 年 10 月 29 日，变电检修室检修班结合停电计划，对某站 220kV Ⅰ 母线避雷器 A 相停电更换，更换过程如图 12－4 所示。

图 12－4　220kV Ⅰ 母线避雷器更换作业

为了进一步验证带电检测的准确性，2018 年 11 月 2 日，试验班人员从停电试验的角度对更换下来的避雷器进行了直流泄漏电流试验，见表 12－4。

表 12－4　　　　　　　　1mA 电流下的直流参考电压试验

项目 / 位置	U_{1mA}（kV）	$I_{75\%U1mA}$（μA）
A 相上节	152.4	24
A 相下节	147.6	96

从本次测试数据可以看出，A 相下节直流参考电压为 147.6kV；75%U_{1mA} 下的泄漏电流为 96μA，远远超出《国家电网变电检测管理规定》中的不准超过 50μA 的要求。说明 A 相下节避雷器绝缘性能已经严重劣化，造成泄漏电流的大幅度增加，与避雷器阻性电流带电检测和红外热像检测异常结果相符。

（2）原因分析。为详细了解该避雷器阻性电流超标及温度异常的原因，将存在缺陷的 A 相避雷器进行了解体检查，如图 12－5 所示。

图 12－5　A 相避雷器解体图（一）

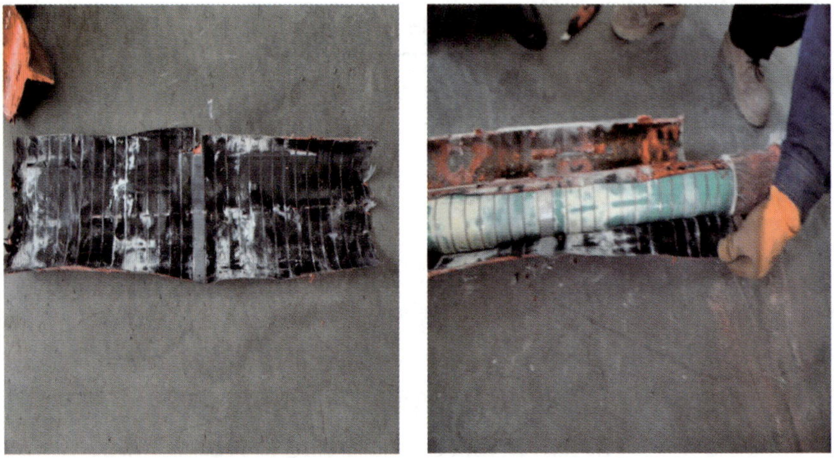

图 12-5　A 相避雷器解体图（二）

在解体过程中，发现 A 相避雷器从内部往外漏水，解体后发现避雷器阀片表面有明显水迹，其中受潮最严重部位在避雷器中部，同时阀片柱与绝缘筒之间填充胶不均匀。

综合上述分析可知，阀片受潮是造成避雷器阻性电流超标和温度异常的原因。

4　经验体会

（1）避雷器发热属于电压致热型，内部故障初期温升较小，一般在 0.5～5K，严重时在 5～10K，因此一般测温很难发现其过热特征。在对避雷器测温前，应调节红外热像仪的温标，使温宽差值保持在 5～10K；再进行电平的整体调整，使画面中避雷器与背景颜色达到最佳的对比度，以便对发热位置进行判断和定位。

（2）运行中阻性电流带电检测作为一种传统的带电检测手段，对避雷器内部的受潮和老化故障反应较为灵敏。在测试时采用 TV 二次电压感应法，以保证测量的各电流组分含量、相位角准确，对于电流组分异常变化的避雷器，应结合红外精确测温进一步分析。

案例 13　220kV 避雷器绝缘劣化进水红外检测

1　案例经过

国网某供电公司 220kV 某变电站 220kV Ⅰ母线避雷器型号为 YH10WZ－204/532，生产日期：2003 年 5 月。

2018 年 9 月 1 日，电气试验人员在对 220kV 某变电站避雷器进行红外线精确测温，发现 220kV Ⅰ母线避雷器 A 相上整体和下节中上部温度偏高，存在异常发热。9 月 4 日电气试验班进行了跟踪复测，发现 A 相发热有发展趋势，已形成 A 相上、下节整体发热，C 相上节存在整体发热异常。结合避雷器阻性电流测试，发现三相阻性电流初值差均超过 100%，而且 A、C 相初值差分别为 377.1%、256.7%，远远超出规程规定的 50%。根据以上两种带电检测方法所得结果分析，某站 220kV Ⅰ母线避雷器三相均存在不同程度的受潮、劣化现象。

2　检测分析

（1）红外热像检测。9 月 1 日晚，电气试验班人员对某站 220kV Ⅰ母线避雷器进行了红外精确测温，发现Ⅰ母线三相避雷器均存在不同程度的发热异常，其中 A、C 相发热最为显著，且 A 上整体发热，下节中上部发热，C 相上节存在整体发热。9 月 4 日晚，试验人员对该组避雷器进行了红外跟踪测试，发现该组避雷器发热温度有增长趋势，且 A 相上下节表现为整体发热。两次精确测温时环境温湿度、风速均满足精确测温条件，历次精确测温数据见表 13－1。

表 13－1　红外测温数据表

日期 \ 相别		A（℃）	B（℃）	C（℃）	A 与 B 温差（K）	A 与 C 温差（K）	环境温度（℃）	环境相对湿度
9 月 1 日测试温度	上节	41.4	39	38.7	2.4	2.7	29.6	55.3%
	下节	40.7	37.1	37.5	3.6	3.2		
9 月 4 日测试温度	上节	38.3	33.6	35.1	4.7	3.2	30.3	49.4%
	下节	34.2	32.3	32.1	1.9	2.1		

从表 13－1 中可以看出，220kV 某站 220kV Ⅰ母线避雷器三相均存在不同程度的异常发热，9 月 1 日检测 A 相上节最高温度为 38.3℃，下节温度为 34.2℃，与 B、C 两相相间温差分别为 4.7K 和 3.2K，A 相下节与 B、C 相间温差分别为 1.9K、2.1K。9 月 4 日 A 相上节最高温度为 41.4℃，下节最高温度为 40.7℃，与 B、C 相上节最高温差为 2.4K、2.7K，与 B、C 相下节最高温差为 3.6K、3.2K。两次测试环境温

度基本相同，测试图谱如图 13－1、图 13－2 所示。9 月 1 日环境湿度较大，对异常发热有一定影响，该组避雷器符合内部阀片整体劣化的典型热像特征。

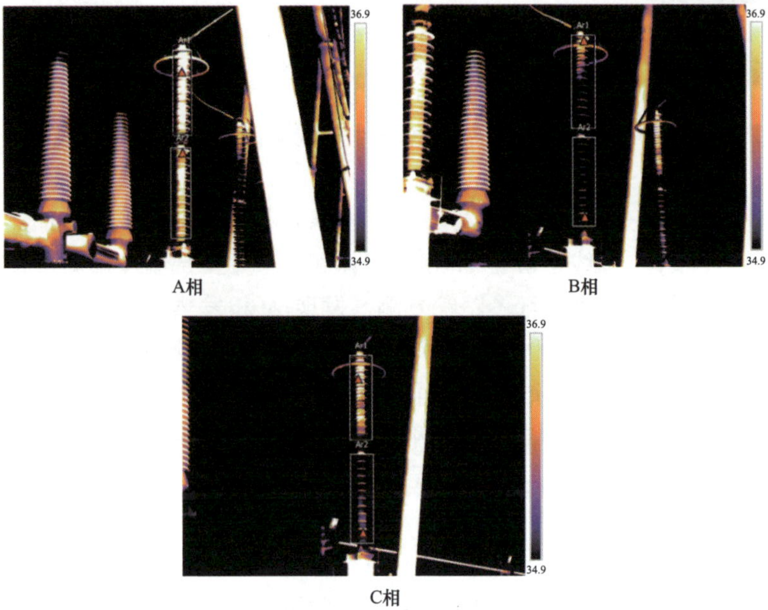

图 13－1　220kV Ⅰ 母线避雷器红外检测图谱（9 月 1 日）

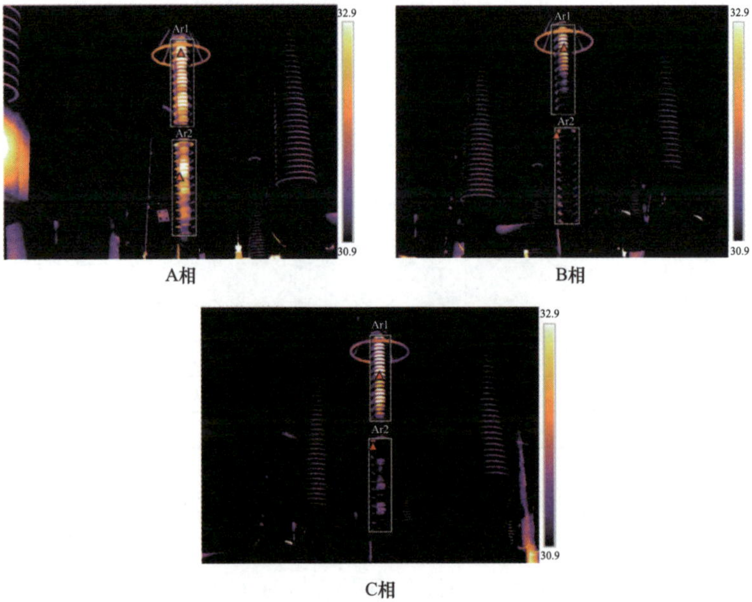

图 13－2　220kV Ⅰ 母线避雷器红外检测图谱（9 月 4 日）

（2）避雷器运行持续电流检测。运行中持续电流检测时，发现220kV Ⅰ母线避雷器A、C相阻性电流明显增大、阻性电流占比显著上升，阻性电流与全电流相位角偏小等数据异常现象，检测数据见表13－2。

表13－2 220kV Ⅰ母线避雷器运行中持续电流部分数据

测试时间	相别	全电流有效值（μA）	阻性电流有效值（μA）	相位角 φ（°）	阻性电流占全电流百分数	全电流初值差	阻性电流初值差
9月4日	A	897	**334**	68.64	37.2%	57.1%	377.1%
	B	558	97	79.95	17.4%	10.3%	193.9%
	C	797	**239**	73.02	30.0%	44.6%	256.7%
2017年5月	A	571	70	83.02	12.3%		
	B	506	33	86.20	6.5%		
	C	551	67	83.14	12.2%		

全电流分析：A、B、C三相避雷器I_X分别为：897μA、558μA、797μA，A、C相与B相相比明显偏大；与上次测试结果相比，三相全电流初值差分别为57.1%、10.3%、44.6%，根据Q/GDW 1168—2013《输变电设备状态检修试验规程》，A、C相避雷器全电流初值差均已超过20%（注意值）的规程要求。

阻性电流分析：A、B、C三相避雷器阻性电流分量I_R分别为：334μA、97μA、239μA，A、C相明显偏大，比B相分别高出344.3%、246.4%。A相电流的I_R在I_X中占比达到37.2%，相位角仅有68.64°，说明阻性电流分量已经明显异常。C相电流的I_R在I_X中占比达到30%，相位角为73.02°，说明A、C相阻性电流分量已经明显异常。与上一次测试数据相比，A相阻性电流增长377.1%，B相阻性电流增长193.9%，C相阻性电流256.7%，根据Q/GDW 1168—2013《输变电设备状态检修试验规程》，避雷器阻性电流初值差应≤50%，该组避雷器三相阻性电流已严重超标，结合红外精确测温结果综合分析，判断为内部避雷器受潮缺陷。

3 隐患处理情况

为了保证迎峰度夏期间供电可靠性，变电检修室及时申请停电计划，于9月8日安排某站220kV Ⅰ母线避雷器停电更换。试验人员9月9日对更换下来的避雷器进行了诊断试验和解体检查。

（1）1mA电压下的直流参考电压试验。两次1mA电流下直流参考电压试验数据见表13－3。

表 13－3　　1mA 电流下直流参考电压试验

项目位置		2018.9.9		2017.5.13	
		U_{1mA}（kV）	$I_{75\%U1mA}$（μA）	U_{1mA}（kV）	$I_{75\%U1mA}$（μA）
A	上节	78	222	155.6	35
	下节	124	29	154.3	22
B	上节	128	136	150.6	29
	下节	154.9	22	154.9	18
C	上节	89	109	156.4	30
	下节	132.6	30	155.1	29

本次测试，三相避雷器上节的直流参考电压分别为 78kV、128kV、89kV，与初值相比均有明显下降；75%U_{1mA} 下的泄漏电流分别为 222μA、136μA、109μA，均超过 50μA 的标准，与初值相差很大，可以看出上节绝缘性能已经严重劣化，造成泄漏电流大幅增加。

（2）故障避雷器解体。检修人员对问题最为严重的 I 母线 A 相避雷器上、下节分别进行了解体检查。使用专用工具剥除了硅橡胶伞群，并切割开绝缘套筒，拨开阀片柱外层的热缩管，直观观察阀片表面情况如图 13－3、图 13－4 所示。

图 13－3　热缩管鼓起

图 13－4　顶端金具

从图 13－3、图 13－4 中可以看出避雷器顶端金具表面分布大量黄色锈迹，打开下节避雷器的环氧树脂管后，发现内部的热缩管出现多处鼓起的部位，判断为内部进水，在热胀冷缩的作用下导致热缩管鼓起。

打开热缩管后，从图 13－5 中可以清晰地看见热缩管表面附着大量的小水珠。从图 13－6 中可以看出，热缩管与硅垫片接触部位已经有大量的水渍结晶物析出，是硅材料与水分接触被氧化形成的白色粉末物。

图 13－5 热缩管表面水珠

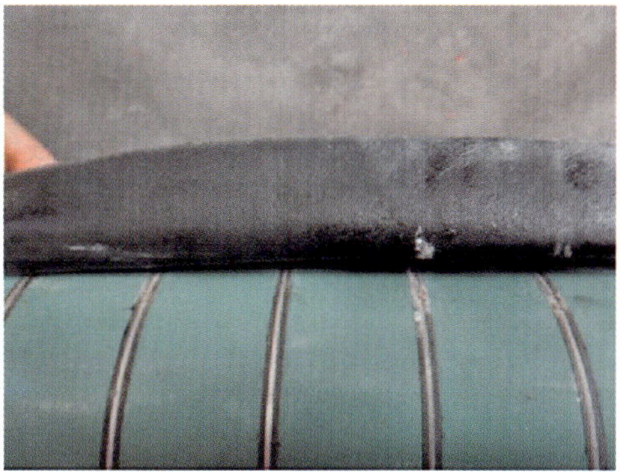

图 13－6 金属垫片表面水渍

从图 13－7 看出，上节避雷器解体后，在氧化锌阀片表面附着有大量白色粉末。如图 13－8 所示，在金属垫片表面有明显的白色析出物，为进水受潮后，铝、铅材料的垫片与水发生的化学反应，形成白色析出物。

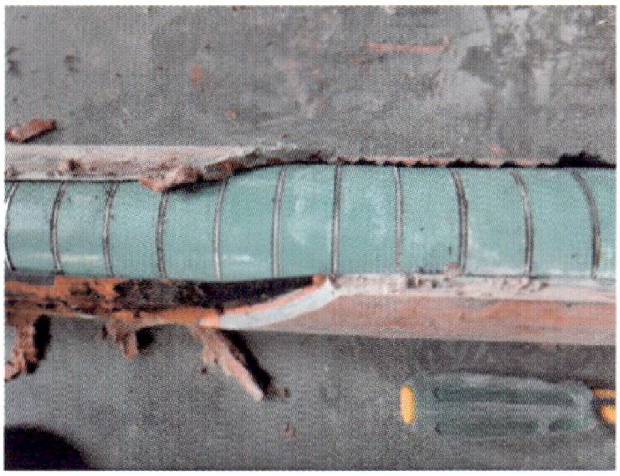

图 13－7 上节避雷器解体图

图 13－8 金属垫片表面水渍

4 经验体会

（1）避雷器发热属于电压致热型，内部故障初期温升较小，一般在 0～5K，严重时在 5～10K，因此一般测温很难发现其过热特征。在对避雷器测温前，应调节红外热像仪的温标，使温宽差值保持在 5～10K，再进行电平的整体调整，使画面中避雷器与背景颜色达到最佳的对比度，以便对发热位置进行判断和定位。

（2）运行中持续电流检测作为一种传统的带电检测手段，对避雷器内部的受潮和老化故障反应较为灵敏，在测试时应尽量采用 TV 二次电压感应法，以保证测量的各电流组分含量、相位角准确。对于电流组分异常变化的避雷器，应结合红外精确测温进一步分析。

（3）试验人员对更换下来的避雷器进行了诊断性试验，发现该组避雷器三相上节的泄漏电流均有大幅的上升。选择问题最为严重的 A 相进行解体检查，发现内部存在严重的受潮现象，阀片表面还残留大量的小水珠，这导致避雷器阻性电流增加，也验证了运行中持续电流检测手段，肯定了班组近期对 220kV 变电站避雷器带电检测的工作成效。在下一步工作中，班组要继续运用避雷器阻性电流 TV 二次电压感应法，结合红外线精确测温，对网上运行的避雷器进行全面检测，及时发现缺陷，保障避雷器健康地运行。

案例 14　220kV 氧化锌避雷器过热检测

1　案例经过

220kV 某站某线 211 间隔氧化锌避雷器，型号为 Y10W5－204/532，2009 年 5 月生产。2019 年 1 月 17 日，试验人员对某站进行带电测试，保春节供电。通过红外测温检测，发现 A 相氧化锌避雷器上节存在过热现象。随后，试验人员又测试避雷器的阻性电流，采集某站内无间隙氧化锌避雷器的运行数据。根据带电检测结果分析，该避雷器存在受潮或劣化的缺陷。2019 年 3 月 11 日，结合大修技改项目的停电安排，对某线 A 相避雷器进行停电试验并解体检查，确认该避雷器内部确实存在受潮现象。更换 A 相避雷器后再次试验，各项数据均合格。送电运行后进行带电复查，结果无异常。

2　检测分析方法

（1）带电检测情况。

1）红外测温检测。1 月 17 日，在 220kV 某站进行氧化锌避雷器红外测温检测过程中，发现 220kV 某线 211 间隔 A 相避雷器上节发热，最高温度达 5.9℃，如图 14－1 所示。跟正常相 BC 相相比，最大温差达到 1.7K，超过 DL/T 664—2016《带电设备红外诊断应用规范》关于避雷器正常温差 0.5～1K 的要求。

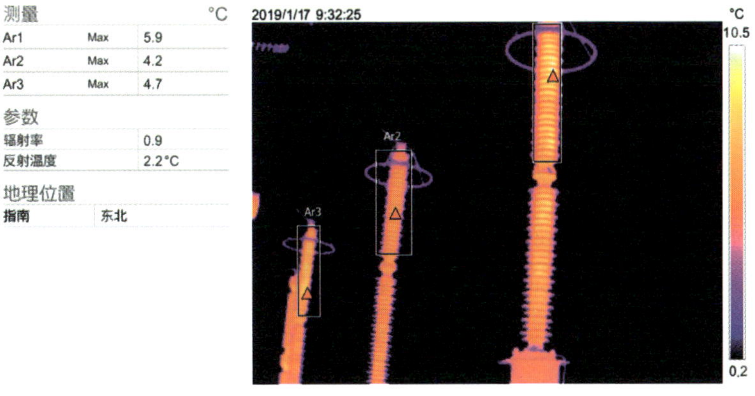

图 14－1　220kV 某线避雷器红外测温图谱

2）避雷器阻性电流测试。随后，试验人员又对避雷器进行了避雷器阻性电流测试，测试的重要数据见表 14－1。

表 14－1　　220kV 某线避雷器阻性电流测试结果

测试日期	相别	θ（°）	I_x（mA）	I_{rp}（mA）	I_{r1}（mA）	P（W）	C_x（nF）
2019.1.17	**A**	**78.22**	**0.628**	**0.146**	**0.137**	**2.976**	**0.017**
	B	86.35	0.453	0.067	0.063	1.916	0.024
	C	86.62	0.462	0.069	0.068	1.806	0.024

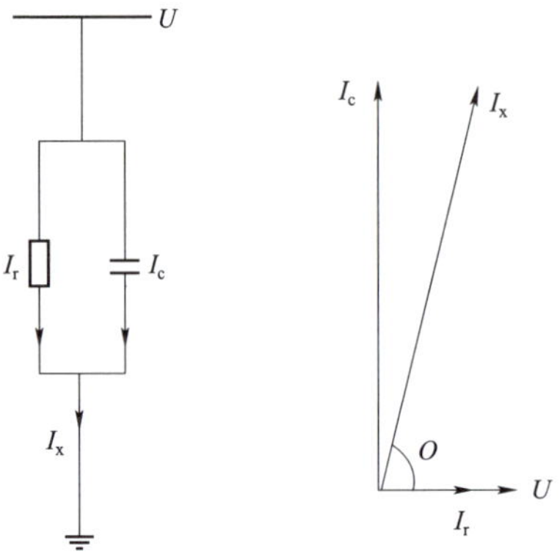

图 14－2　阻性电流数据分析图

从表 14－1 可以看出，A 相避雷器的功角 θ 明显小于其他两相，其他数据对比 BC 两相也有明显差异。下面通过图 14－2 对获取的数据进行分析。

从图中可以看出，避雷器正常运行时，可以等效成电阻与电容的并联。因此全电流由两部分：阻性电流 I_r 和容性电流 I_c 组成，两者相差 90°。氧化锌避雷器具有良好的非线性伏安特性，正常工作下流过避雷器的电流极小且多为容性电流，功角接近 90°。当避雷器内部阀片劣化或受潮后，避雷器电容 C_x 减少，容性电流也减小；避雷器电阻值降低，阻性电流峰值 I_{rp} 和阻性电流基波分量峰值 I_{r1} 均增大，有功和全电流也随之增大。通过对上述相关数据的分析，怀疑避雷器表面脏污或内部阀片劣化、受潮。通过望远镜观察，三相表面基本相同，排除了第一种可能。对 A 相数据进行横向和纵向比较，具体见表 14－2。

表 14－2　　220kV 某线避雷器阻性电流测试结果

相别	I_x（mA）			I_{rp}（mA）			I_{r1}（mA）		
	A	B	C	**A**	B	C	**A**	B	C
2018.4.20	0.487	0.478	0.480	0.081	0.082	0.085	0.075	0.077	0.072
2019.1.17	**0.628**	0.483	0.482	**0.146**	0.087	0.089	**0.137**	0.083	0.078
增长率（%）	**28.95**	1.05	0.4	**80.25**	6.10	6.15	**82.67**	7.79	8.33

从表中数据可知，A 相阻性电流与上一次测试值比较，增长率偏大，按照 Q/GDW 1168—2013《输变电设备状态检修试验规程》规定，当阻性电流增加 0.3 倍时应缩短试验周期并加强监测，增加 1 倍时必须停电检查。A 相避雷器的阻性电流与其他两相差别达到 68%，已经接近 70%的注意值。与 2018 年 4 月 20 日测试

值相比，A 相避雷器全电流增长了 28.95%，阻性电流峰值增长了 80.25%，已接近规程中停电的警戒值。

（2）避雷器停电试验情况。3 月 11 日，某线停电后，对 A 相避雷器进行停电试验，试验数据见表 14－3。

表 14－3　220kV 某线 A 相上节避雷器诊断试验结果

测试日期	本体绝缘（MΩ）	直流 1mA 电压（kV）	泄漏电流（μA）
2016.5.26	100 000	158.1	11
2019.3.11	100 000	121.7	139

A 相避雷器直流 1mA 电压较上一次结果降低了 23.02%，泄漏电流增长了 1163.64%，超过规程标准，说明避雷器内部阀片受潮严重，绝缘特性降低明显。

3　隐患处理情况

3 月 15 日，检修人员将 220kV 某线 A 相避雷器进行解体，以确定缺陷发生原因。解体前检查避雷器外观，避雷器外套硅橡胶部分无明显老化，上下密封结构肉眼观察良好，如图 14－3 所示。

图 14－3　避雷器外表面照片

将避雷器本体绝缘解剖后，将避雷器阀片及金属垫片取出后，发现阀片及金属垫片受潮明显，个别阀片边釉破损，如图 14－4 所示。试验人员立即将相关情况向相关人员进行了汇报，检修人员对 A 相避雷器进行了更换。

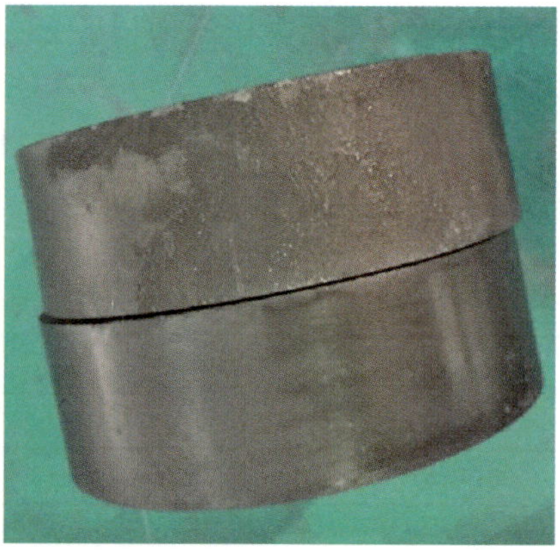

图 14－4　拆解避雷器图片

4　经验体会

（1）带电检测可及时发现避雷器受潮、劣化等故障。应严格按照规程规定开展相关带电检测工作，如发现避雷器异常，应根据实际情况酌情缩短避雷器检测周期，并综合红外测温、阻性电流测试结果进行综合判断。设备带电测试异常时采用多种手段综合分析能够更为准确地判定故障。由于采用两种检测原理不同的带电项目（红外测温、避雷器阻性电流测试）测试均显示设备异常，有效避免外界因素对单一测试项目干扰造成的误判。

（2）当避雷器存在的缺陷趋于严重时，避雷器泄漏电流表的表计读数将缓慢增大，可加强数据监测。一旦发现表计数值突然增大，及时向上级部门进行汇报，安排故障定性检测。

案例 15　220kV 避雷器伞群异常发热检测分析

1　案例经过

国网某供电公司 220kV 某站 220kV 1 号 TV 间隔避雷器，型号为 Y10WZ－204/532，2009 年 4 月投运。

2019 年 1 月 9 日，变电运检室变电运维一班人员开展全面巡视。变电运维人员使用红外热像仪对 220kV 某站 220kV 设备区进行红外普测时，发现 220kV 1 号 TV 间隔 C 相避雷器上节上中部多处伞裙异常发热。热点温度最高为 4.5℃，正常温度－0.2℃，现场检测环境温度－1.8℃，热点最大温差为 4.7K，热点温升为 6.3K。变电运维人员立即汇报工区，并向调度报重大缺陷。

2019 年 1 月 10 日至 1 月 23 日，变电运维人员连续跟踪测温依然存在异常。2019 年 1 月 23 日，由变电检修一班办理第一种工作票，开展 220kV 某站 220kV 1 号 TV 间隔 C 相避雷器异常发热缺陷处理工作，变电运维人员准时依据停电计划将设备停电，做好安全措施，于 8 时 01 分许可检修工作，14 时 20 分检修工作结束。

2　检测分析

2019 年 1 月 9 日，变电运维一班在 220kV 某站开展全面巡视工作，通过带电检测发现 220kV 1 号 TV 间隔 C 相避雷器上节上中部多处伞裙异常发热，热点温度最高为 4.5℃，正常温度－0.2℃，现场检测环境温度－1.8℃，热点最大温差为 4.7K，热点温升为 6.3K。红外测温结果见表 15－1，红外测温图谱如图 15－1、图 15－2 所示。

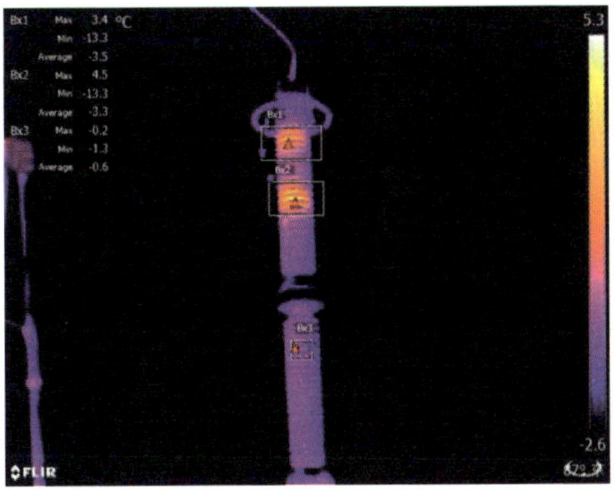

图 15－1　220kV 1 号 TV 间隔 C 相避雷器红外图谱

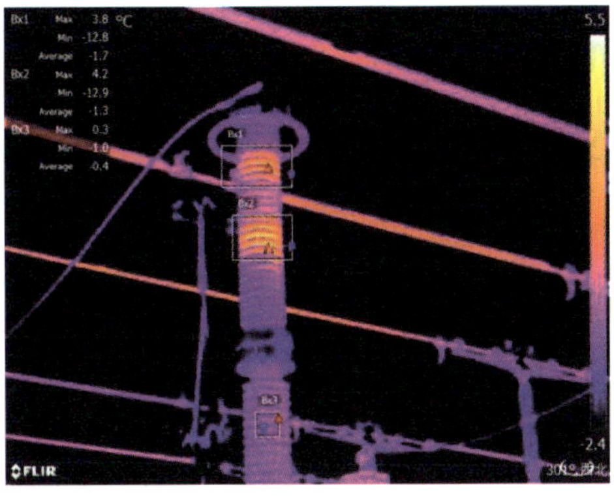

图 15－2　同相避雷器红外复测图谱

表 15-1　　红外测温结果

间隔名称	部位	温度（℃）	环境参考体温度（℃）
220kV 1 号 TV 间隔	C 相避雷器上节中部异常伞裙	**4.5**	**-1.8**
	C 相避雷器上节上部异常伞裙	**3.4**	
	C 相避雷器下节正常伞裙	**-0.2**	

依据 DL/T 664—2016《带电设备红外诊断应用规范》规定：跟正常部位及正常相比较，温差≥0.5～1K，综合判断 220kV 1 号 TV 间隔 C 相避雷器上节上中部多处伞裙异常发热缺陷为电压致热型，为重大缺陷。

2019 年 1 月 9 日，变电运检室变电运维人员在确认 220kV 1 号 TV 间隔 C 相避雷器红外存在发热异常后，工区安排电气试验人员对该间隔避雷器进行了阻性电流测试，结果见表 15-2。

表 15-2　　阻性电流测试结果

日期＼相别	I_X（μA）			I_{rp}（μA）			I_{r1}（μA）		
	A	B	C	A	B	C	A	B	C
2017 年 5 月 24 日	452	412	420	89	76	87	57	52	54
2018 年 5 月 21 日	440	402	414	94	72	86	59	50	54
2019 年 1 月 9 日	436	408	**600**	96	78	**117**	60	53	**83**
	435	409	**601**	95	78	**117**	60	54	**83**
	436	406	**602**	96	77	**118**	60	52	**84**

由表 15-2 数据可知，220kV 1 号 TV 间隔 C 相避雷器全电流和阻性电流均有较大增长。观察避雷器计数器指针发现，C 相避雷器计数器泄漏电流表指针存在轻微摆动情况，判断 C 相避雷器内部可能存在放电现象。结合红外测温，C 相避雷器上节上中部伞裙已有明显发热，最大相间温差为 4.7K。建议加强监测，尽快对 220kV 1 号 TV 间隔避雷器进行更换。

3　隐患处理情况

2019 年 1 月 10 日至 1 月 23 日，变电运检室变电运维人员连续进行跟踪测温依然存在异常。

2019 年 1 月 23 日，由变电检修一班办理第一种工作票，开展 220kV 某站 220kV 1 号 TV 间隔 C 相避雷器异常发热缺陷处理工作。变电运维人员准时依据停电计划将设备停电，做好安全措施，如图 15-3 所示，于 8 时 01 分许可检修工作，14 时

20 分检修工作结束。

图 15－3　倒闸操作照

检修人员首先更换试验合格的新避雷器。更换前试验班人员对新的避雷器进行了试验，绝缘电阻和 1mA 参考电压及 0.75 倍 1mA 参考电压下的泄漏电流试验与出厂试验数据吻合，随即投运，如图 15－4 所示。投运后变电运维人员进行红外测温，结果无异常，如图 15－5 所示。

图 15－4　新避雷器交接试验

图 15-5 运维人员送电后测温

检修人员将旧避雷器拆卸，电气试验班工作人员对三相避雷器进行了绝缘电阻测试（见图 15-6、图 15-7）与 1mA 参考电压及 0.75 倍 1mA 参考电压下的泄漏电流试验。测试结果见表 15-3。

表 15-3 避雷器停电试验结果

相别	部位	绝缘电阻（MΩ）	直流 1mA 电压（kV）	75%1mA 电压下电流（μA）
A	上节	341 000	142.1	6.3
	下节	352 000	143.1	5.2
B	上节	451 000	141.5	4.6
	下节	362 000	150.2	5.1
C	上节	1.01	4.5	—
	下节	340 000	140	6.2

根据《国家电网公司变电检测管理规定》要求：U_{1mA} 初值差不超过±5%且不低于 GB 11032 规定值，$0.75U_{1mA}$ 下的泄漏电流与初始值或制造厂给定值相比较，变化量增加不应大于 2 倍，且泄漏电流不应大于 50μA。对照表 15-3 看出，C 相避雷器上节绝缘电阻及直流 1mA 参考电压均不满足规程要求，怀疑为内部受潮，氧化锌电阻片已严重裂化，绝缘强度严重降低。

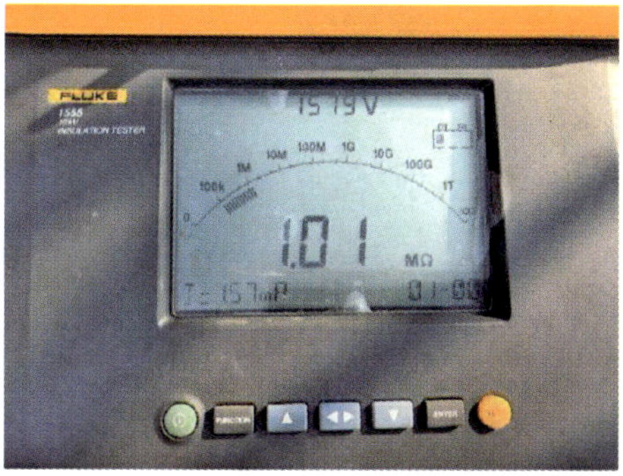

图 15-6　C 相避雷器上节
绝缘电阻测试（不合格）

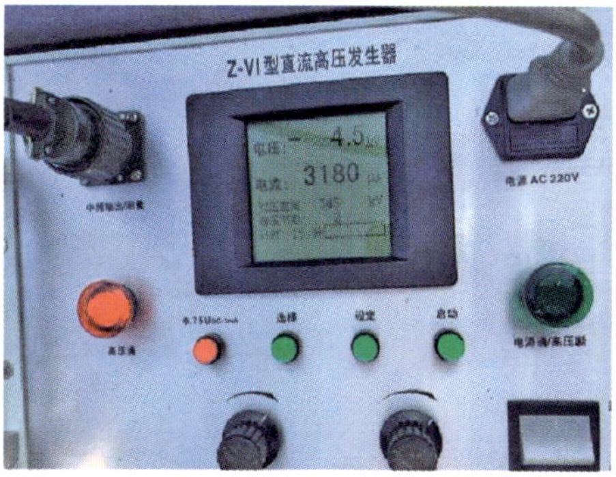

图 15-7　C 相避雷器上节
泄漏电流（不合格）

检修人员将异常相 C 相上节避雷器进行解体处理，剖开后发现避雷器底部屏蔽铜板内部存在放电腐蚀，形成了小孔，导致避雷器内部进入潮气。其内部各部件表面有大量水珠，导电杆、屏蔽罩、氧化锌电阻片均已严重放电腐蚀，绝缘筒（杆）已电腐蚀断裂，如图 15－8～图 15－12 所示。

图 15-8　屏蔽铜板小孔

图 15-9　导电杆、电阻片表面水珠

图 15-10　屏蔽罩腐蚀

图 15-11　电阻片电腐蚀

图 15-12 绝缘杆断裂

4 经验体会

氧化锌避雷器的受潮及阀片老化往往造成泄漏电流的增加，从而造成表面温度升高，但由于避雷器红外异常属电压致热型，其温差较小，因此变电运维人员对全站红外测温普测时应重点对该类设备进行细致的测温。温差大于 1K 时，应引起足够重视，及时汇报工区及调度部门。

案例 16 220kV 避雷器绝缘老化导致发热检测

1 案例经过

2015 年 6 月 4 日在对 220kV 某变电站进行红外测温时，发现 110kV 某线避雷器 A 相发热；6 月 5 日某公司立即安排对某线避雷器进行了缺陷状况复测，发现 110kV 某线避雷器 A 相避雷器存在发热缺陷，随即制定了某线避雷器重点跟踪测试计划。7 月 1 日对 220kV 某变电站 110kV 某线避雷器进行第三次复测；7 月 22 日，对某 110kV 某线避雷器进行第四次跟踪复测。经过复测，发现 220kV 某变电站避雷器存在以下红外测温异常缺陷：110kV 某线避雷器 A 相避雷器发热，最高相间温差为 1.1K。比较某线避雷器阻性电池测试数据，全电流和阻性电流有增大趋势，且 A 相数据大于 B、C 两相。综合分析以上测试数据，11 月 21 日对某线避雷器进行停电检修处理，并对避雷器进行了更换，送电运行后再次进行红外检测，结果无异常。

2 检测分析

（1）避雷器红外测温图谱分析。6 月 4 日在对 220kV 某变电站进行红外测温时，发现 220kV 某线避雷器 AC 相发热，对红外图谱进行分析比对（见图 16－1），最大相间温差为 1.1K。

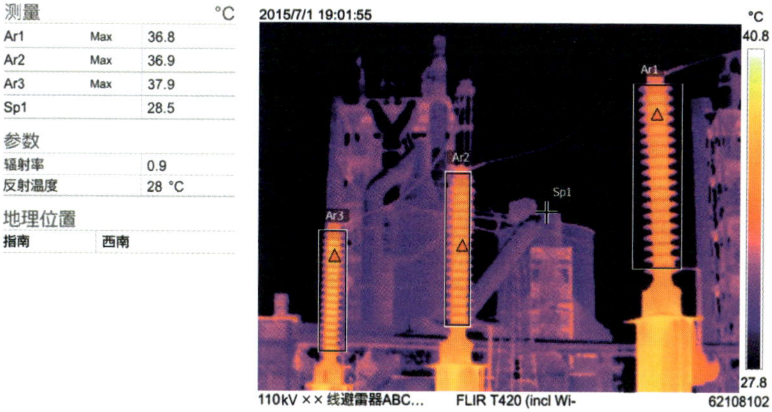

图 16－1 6 月 4 日某线避雷器红外图谱

某公司 7 月 1 日对避雷器发热缺陷进行了复测，复测图谱如图 16－2 所示，并对红外图谱进行分析。

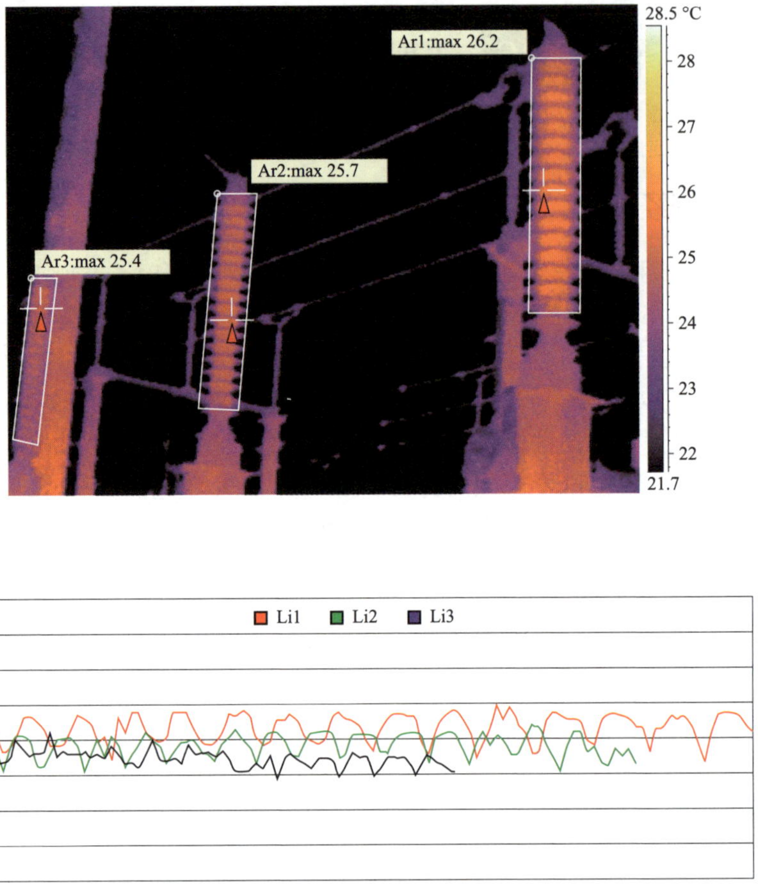

图 16-2　7 月 1 日某线避雷器红外图谱

110kV 某线避雷器：由线温分布图及红外图像可以看出，A 相整体高于 B、C 相温度，最高温度温差 0.8K，根据 DL/T 664—2016《带电设备红外诊断应用规范》，温差大于 0.5K 以上为异常，判断 A 相测温结果异常。

（2）避雷器阻性电流测试分析。在对 110kV 某线避雷器的跟踪测试中，也进行了避雷器阻性电流测量，对比历次分析结果见表 16-1。

表 16-1　　　某站 110kV 某线避雷器阻性电流带电检测数据

相别 / 日期	I_X（μA）			I_{rp}（μA）			I_{r1}（μA）		
	A	B	C	A	B	C	A	B	C
2014 年 3 月 19 日	**603**	91	89	558	84	82	544	80	80
2015 年 3 月 25 日	**623**	131	133	576	91	95	562	123	118

从表中数据看出：① 某线 A 相避雷器的运行电压下交流泄漏电流阻性分量带电检测的全电流和阻性电流分量均比初始值大，全电流和阻性电流均有增长趋势；② 某线 A 相避雷器的运行电压下交流泄漏电流阻性分量带电检测的全电流明显大于 B、C 两相，与红外测试结果一致。

（3）避雷器停电试验数据分析。11 月 20 日，试验人员结合线路停电检修对避雷器进行停电试验，试验数据见表 16－2。其中 A 相避雷器 $I_{75\%U1mA}$ 已严重超标，且在试验过程中发现电压电流的变化关系已不符合避雷器的电压电流特性曲线。

表 16－2　　220kV 某线避雷器停电试验数据

相别	编号	绝缘电阻（MΩ）	U_{1mA}（kV）	$I_{75\%U1mA}$（μA）
A 相		10 000	155.3	83
B 相		10 000	154.9	38
C 相		10 000	155.5	35

3　隐患处理情况

（1）避雷器更换。根据公司运维检修部要求及设备状态，检修人员对 110kV 某线故障避雷器进行了更换。

（2）避雷器憎水性检查。检修人员发现 110kV 某线避雷器的复合绝缘外套为热硫化硅橡胶材质，采用大小伞状结构，为一次性注射成型的结构。220kV 某变电站地处水泥加工厂附近，设备运行环境恶劣。避雷器伞裙表面附着了一层水泥薄膜，硅橡胶材料老化、脏污时，憎水性下降，甚至消失，导致积污加剧，进入恶性循环。因此，试验人员首先对避雷器进行憎水性检查试验，检测避雷器绝缘材料的憎水性能和自洁能力。

检修人员在现场对避雷器进行了憎水性检查，为避免人的主观判断带来误差，试验室用喷壶对准备更换的新避雷器和缺陷避雷器喷水，对比分析缺陷避雷器的憎水性，憎水性试验图像如图 16－3 所示。

图 16－3　憎水性试验

4　经验体会

（1）避雷器发热属于电压致热型，温度升高不明显，因此用测温仪测试过程中不易被发现。

为此，在测试避雷器前，调节红外测温仪使得画面背景颜色呈暗紫色或更深的颜色，将温宽调节到 5～6K，电平调到正常避雷器的温度。画面中被测避雷器与背景颜色能明显区分开，避雷器轮廓清晰，能看到层次分明的伞裙。

（2）避雷器红外测温发现异常后，应对问题避雷器进行阻性电流测试。因为采用多种手段综合分析能够更为准确地判定故障，这样可有效避免外界因素对某一种测试项目造成干扰导致结果误判。

第3篇　避雷器阻性电流带电检测异常案例

案例17 220kV避雷器阻性电流带电检测分析1

1 案例经过

某公司220kV某站214某线A相避雷器，2007年3月生产，型号为Y10WF－200/520，投运时间为2007年9月13日。

2018年3月1日，变电检修室电气试验人员对220kV某变电站进行避雷器阻性电流带电检测，在测试214某线A相避雷器阻性电流时，发现全电流 I_x 较上次值增大22.78%，阻性电流增大402.4%，远超过《国家电网公司变电检测管理规定》规定的阻性电流初值差≤50%，且全电流≤20%的标准值。

2018年3月8日、3月15日、3月29日，分别对该避雷器进行跟踪复测，对比四次检测数据，214某线A相避雷器阻性电流有明显增强趋势，且A相气室温度较另外两相温差接近1.0K，但检测不到超声波、特高频等局放信号，SF_6 气体成分、纯度、湿度无异常。初步判断内部避雷器氧化锌阀片劣化，变电检修室将此缺陷上报运维检修部。

2018年4月20～22日，对214某线A相避雷器进行了更换，更换后试验通过，送电成功。

2018年4月26日，再次进行各项带电检测项目测试，均合格。

2018年5月8日，将该避雷器返厂进行了解体，发现阀片表面7处沿面放电痕迹，由此判断阀片沿面闪络为导致阻性电流增大超标、气室温度异常的主要原因。

2 检测分析

（1）2018年3月1日，变电检修室电气试验人员对220kV某变电站进行避雷器阻性电流带电检测。在对220kV组合电器214某线避雷器进行测试时，如图17－1所示，发现214某线A相避雷器阻性电流与B、C两相相比差异明显，试验数据对比见表17－1，A相泄漏电流全电流为 I_x 为690mA，阻性电流峰值 I_{rp} 为206mA，功率角 $\Phi=78.26°$，结论为“中”，测试数据见图17－2。查阅历史报告（见表17－2），发现全电流 I_x 较上次值增大22.78%，阻性电流增大402.4%，远超过五通规定的阻性电流初值差≤50%，且全电流初值差≤20%的标准值。电气试验班将此情况汇报变电检修室，变电检修室上报运维检修部，决定缩短检测周期，跟踪检测。

表 17-1　　A 相与 B、C 两相对比

相别	试验日期	I_x（mA）	I_{rp}（mA）	I_{r1p}（mA）	Φ（°）
A	2018.3.1	690	206	198	78.26（中）
B	2018.3.1	574	42	43	86.94（优）
C	2018.3.1	570	42	37	87.33（优）

表 17-2　　历史报告

相别	试验日期	I_x（mA）	I_{rp}（mA）	I_{r1p}（mA）	Φ（°）
A	2017.2.18	562	41	44	86.47（优）
B	2017.2.18	559	40	43	86.54（优）
C	2017.2.18	573	38	40	86.45（优）

图 17-1　避雷器阻性电流现场测试图

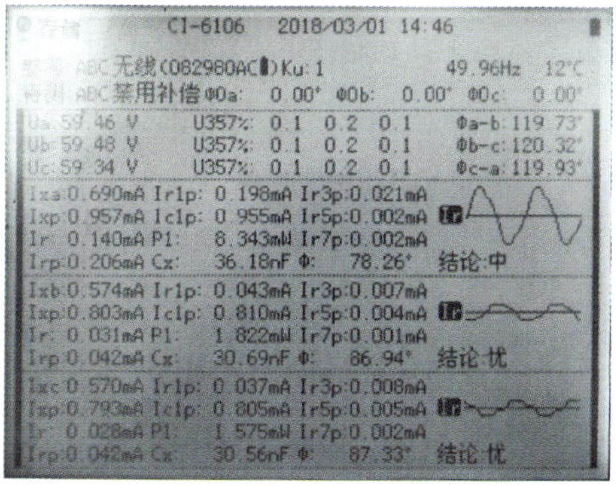

图 17-2　避雷器阻性电流测试数据

（2）2018 年 3 月 8 日，对该避雷器进行阻性电流复测，并增加红外精确测温、局放测试以及 SF_6 气体湿度、纯度和成分测试。

1）阻性电流测试。阻性电流现场测试如图 17-3 所示。阻性电流峰值较上次测试值有明显增长趋势见表 17-3，由 206mA 增长到 236mA，增长 14.56%，功率角 Φ=76.42°，结论为“差”，测试数据如图 17-4 所示。

表 17-3　　历史数据对比

相别	试验日期	I_x（mA）	I_{rp}（mA）	I_{r1p}（mA）	Φ（°）
A	2018.3.8	687	236	228	76.42（差）
A	2018.3.1	690	206	198	78.26（中）

2）红外精确测温。红外精确测温发现 214 某线 A 相避雷器发热，如图 17-5、图 17-6 所示。A 相最高温度 5.2℃，B 相最高温度 4.4℃，C 相最高温度 4.1℃，

温差 1.1K。A 相避雷器气室上下温度梯度不明显。

图 17-3 避雷器阻性电流现场测试图

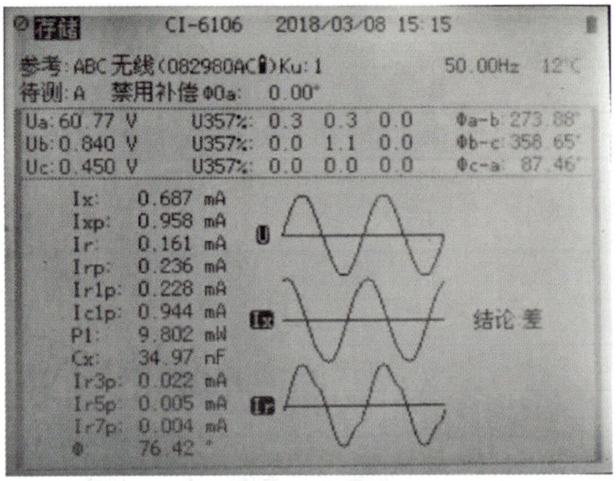

图 17-4 避雷器阻性电流测试数据

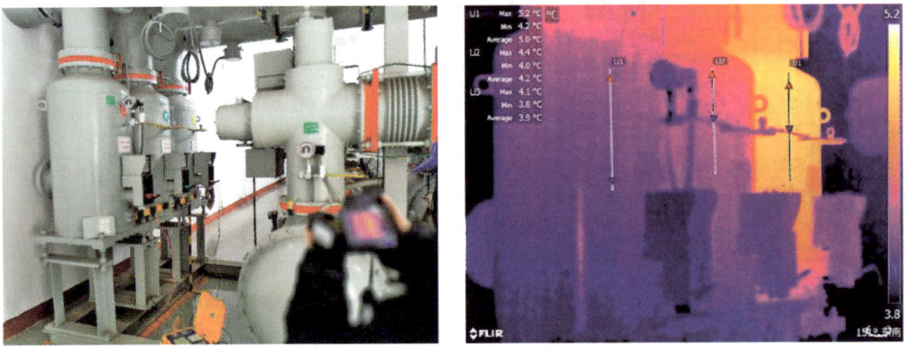

图 17-5 红外精确测温（C 到 A 方向）

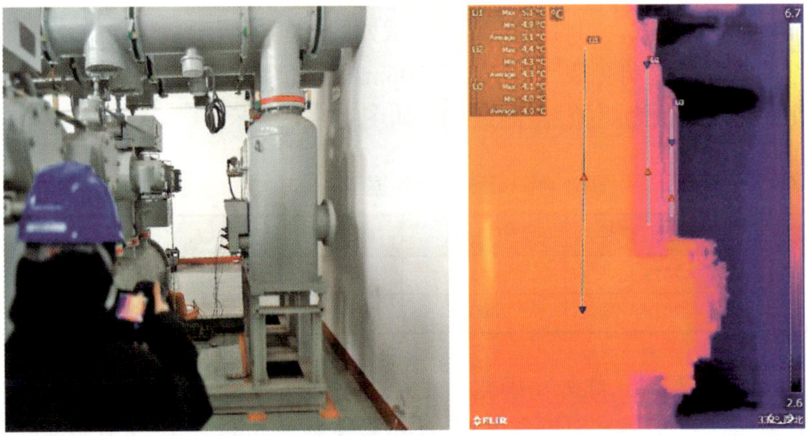

图 17-6 红外精确测温（A 到 C 方向）

3）局放测试。对 214 某线 A 相避雷器进行特高频和超声波局部放电测试，未检测到放电信号，超声波检测无 50Hz 相关性和 100Hz 相关性，如图 17－7、图 17－8 所示。

图 17－7　特高频局放信号测试

图 17－8　超声波局放信号测试

4）SF_6 气体湿度、分解产物测试。214 某线 A、B、C 三相避雷器气室联通，共用同一压力表，压力表示数为 0.54MPa，在正常范围内。进行气体湿度、纯度、分解产物测试，测得湿度为 18μL/L，纯度为 99.47%，均合格，未检测到 H_2S 和 SO_2 气体，如图 17－9～图 17－12 所示。

图 17－9　SF_6 气体湿度、分解产物测试

图 17－10　某线避雷器气室压力表

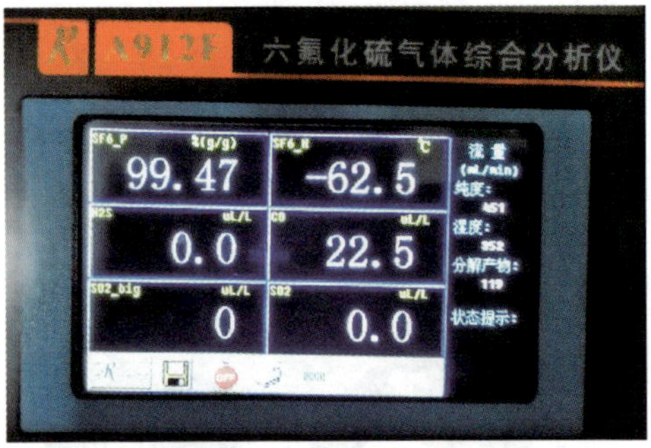

图 17－11　纯度和成分测试

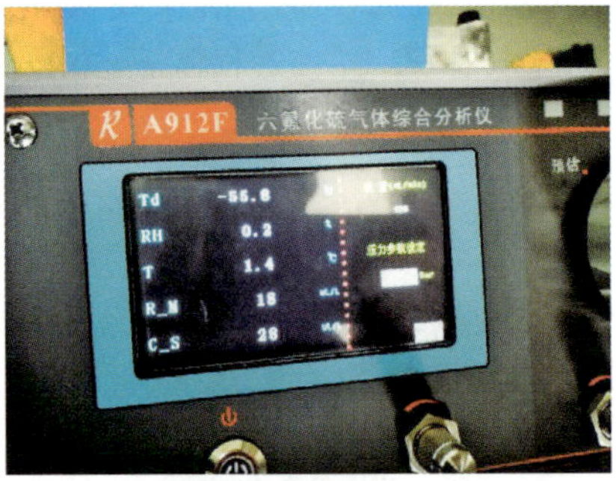

图 17－12　湿度测试

（3）2018 年 3 月 15 日，再次对该避雷器进行复测。

1）避雷器阻性电流测试。阻性电流峰值较上次测试值又有增长，数据对比见表 17－4，由 236mA 增长到 258mA，增长 9.32%，功率角 $\Phi=75.67°$，结论为“差”，如图 17－13 所示。

表 17－4　　历 史 数 据 对 比

相别	试验日期	I_x（mA）	I_{rp}（mA）	I_{r1p}（mA）	Φ（°）
A	2018.3.15	705	258	246	75.67（差）
A	2018.3.8	687	236	228	76.42（差）

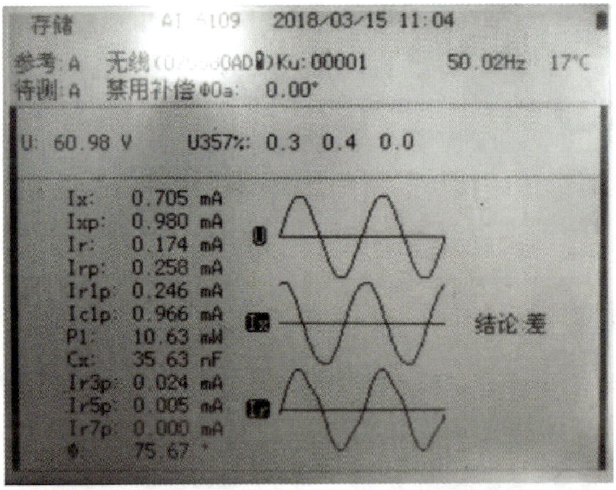

图 17－13　避雷器阻性电流测试复测数据

2）红外精确测温。红外精确测温复测如图 17－14 所示。A 相最高温度 12.3℃，B 相最高温度 11.8℃，C 相最高温度 11.7℃，温差 0.6K。设备温度随气温增长而升高，但三相温差未进一步增大，反而略有减小。

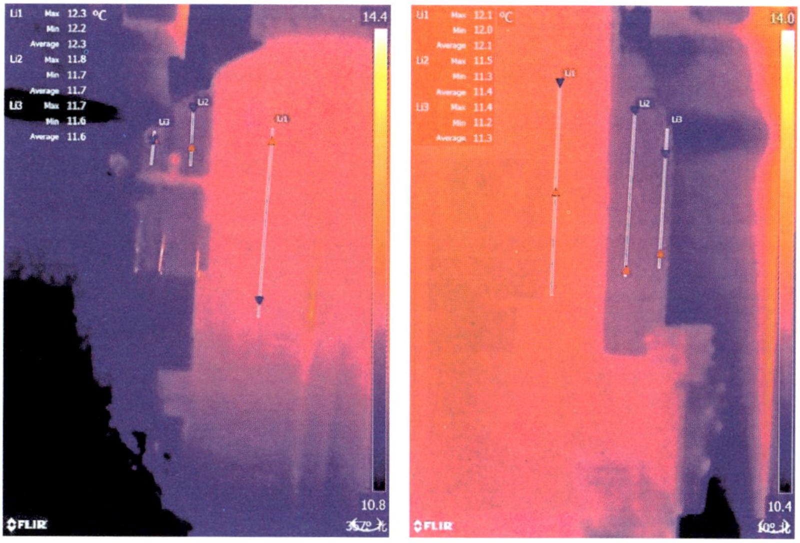

图 17－14　红外精确测温复测

（4）2018 年 3 月 29 日，再次对该避雷器进行复测。

1）阻性电流测试。阻性电流峰值较上次测试值又有增长，历史数据对比见表 17－5，由 258mA 增长到 274mA，增长 6.20%，功角 Φ＝75.20°，结论为“差”，复测数据如图 17－15 所示。

表 17－5　　　　　　　　　　历 史 数 据 对 比

相别	试验日期	I_x（mA）	I_{rp}（mA）	I_{r1p}（mA）	Φ（°）
A	2018.3.29	717	274	258	75.20（差）
A	2018.3.15	705	258	246	75.67（差）

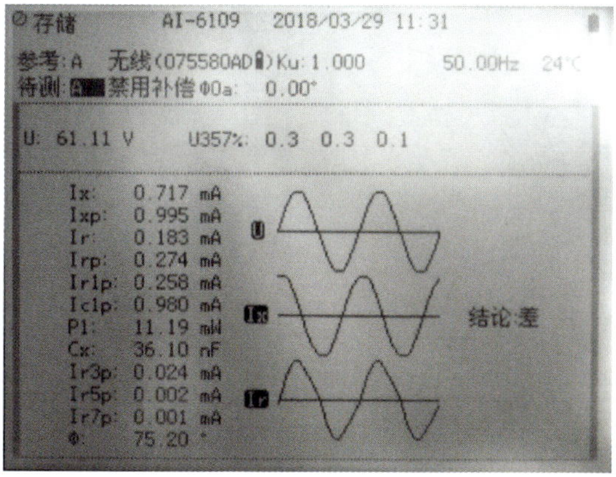

图 17－15　避雷器阻性电流测试复测数据

2）红外精确测温。红外精确测温复测如图 17－16 所示，A 相最高温度 17.7℃，B 相最高温度 17.0℃，C 相最高温度 16.8℃，温差 0.9K。A 相避雷器气室上下温度梯度仍不明显。

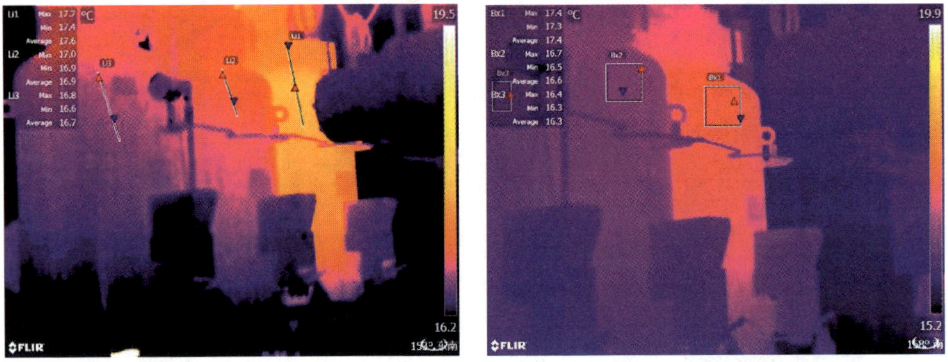

图 17－16 红外精确测温复测

对比四次检测数据，214 某线 A 相避雷器阻性电流有明显增长趋势，且 A 相气室温度较另外两相温差接近 1.0K。初步判断内部避雷器氧化锌阀片劣化，需立即停电检修。

运维检修部立即联系厂家订货，准备更换该避雷器。

3 隐患处理情况

（1）隐患处理。2018 年 4 月 20 日至 22 日，变电检修一班开具变电站第一种工作票，对 214 某线 A 相避雷器进行了更换，更换过程如图 17－17 所示。

图 17－17 A 相避雷器更换过程（一）

图 17－17　A 相避雷器更换过程（二）

2018 年 4 月 22 日下午，电气试验人员对更换后的避雷器进行了微水测试和老炼试验，试验顺利通过，送电成功。

2018 年 4 月 26 日，进行了带电检测复测，如图 17－18、图 17－19 所示。避雷器阻性电流正常，三相温差 0.3K，无局放信号，气体湿度、纯度、分解产物测试均合格。

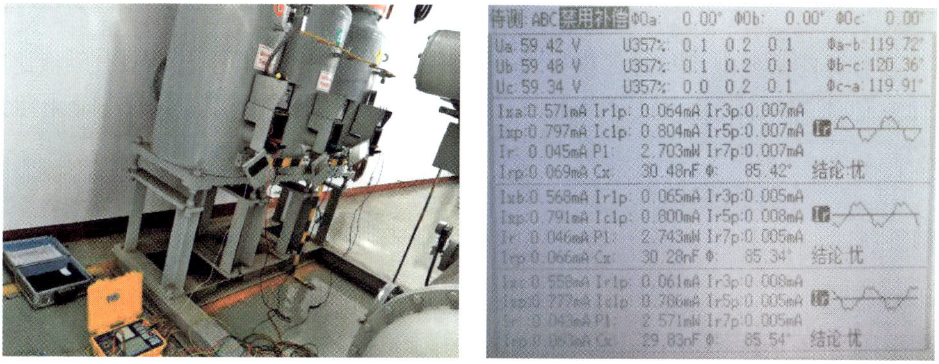

图 17－18　避雷器阻性电流复测

（2）原因分析。为详细了解该避雷器阻性电流超标及温度异常的原因，将其进行了返厂试验和解体检查。

1）持续电流试验及工频参考电压试验数据与出厂数据对比见表 17－6、表 17－7。

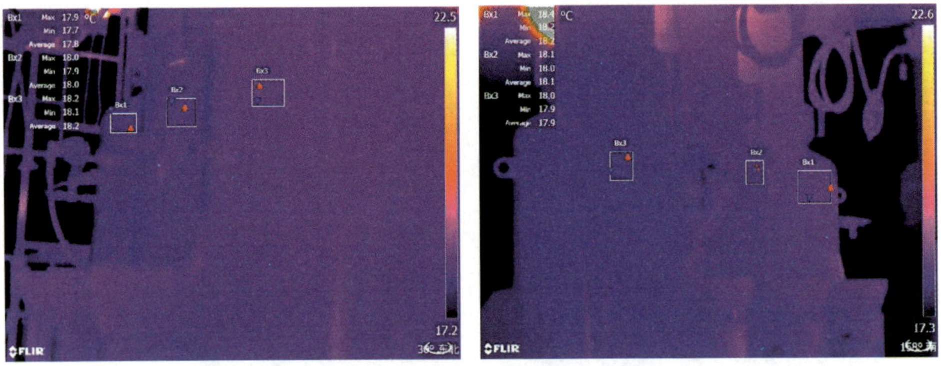

图 17－19　红外精确测温复测

表 17－6　　　　持续电流试验数据与出厂数据对比

测量电压（kV）	全电流 I_X（μA）	阻性电流 I_{rp}（μA）	测试时间	备注
127	730	281	2018 年 5 月 8 日	返厂测试数据
156	908	536	2018 年 5 月 8 日	返厂测试数据
156	679	117	2007 年 3 月 24 日	出厂试验数据

表 17－7　　　　工频参考电压试验数据与出厂数据对比

工频 U_{1mA}（kV）	要求值	结论	测试时间	备注
171.2	≥200kV	不合格	2018 年 5 月 8 日	返厂测试数据
207	≥200kV	合格	2007 年 3 月 24 日	出厂试验数据

该台避雷器全电流与出厂值比较变化量达到 33.7%、阻性电流与出厂值比较变化量达到 358%，且工频参考电压低于要求值，初步判断产品内部部分电阻片失效。

2）内部局部放电试验。局部放电试验测试数据与出厂数据进行对比，见表 17－8。

表 17－8　　　　局部放电试验数据对比

测量电压（kV）	局部放电量（pC）	测试时间
171.6	3.6	2018 年 5 月 8 日
171	2	2007 年 3 月 24 日

根据 GB/T 11032—2010《交流无间隙金属氧化物避雷器》规定“避雷器在 1.1 倍持续运行电压下的内部局部放电量应不大于 10pC”，返厂产品局部放电测试数据符合标准规定。

3）解体检查。为详细了解电阻片失效情况，对该避雷器进行了解体。盆式绝缘子完好、无脏污放电，内部桶壁、金属连杆皆洁净、无异物、无放电脏污痕迹，如图 17－20 所示。

高压电连接及芯体固定牢固，没有松动或虚接现象，如图 17－21 所示。

图 17－20　避雷器内部图

图 17－21　避雷器芯体整体图

芯体表面发现 7 处电阻片侧釉面有沿面闪络痕迹，如图 17－22 标记，具体位置如图 17－23 所示。

图 17－22　避雷器沿面闪络整体图

图 17－23　避雷器沿面闪络局部图

芯体解体后拆除电阻片，每片电阻片上下表面干净、无异物、无放电或烧蚀痕迹。部分电阻片侧面釉有程度不一的沿面闪络痕迹，如图 17－24 所示。

图 17－24　沿面闪络痕迹

除部分电阻片侧面釉有沿面闪络痕迹外，解体未发现其他异常。初步推断，部分电阻片沿面闪络导致其余电阻片运行过程中电负荷增加，进而造成产品温度异常。

4）电阻片性能测试。芯体进行解体后，对所有电阻片进行直流 1mA 参考电压及 0.75 倍直流 1mA 参考电压下泄漏电流测量，通过逐片试验发现，目视沿面闪络痕迹明显的电阻片数据不合格。

5）原因分析。阻性电流增大主要有氧化锌阀片本体劣化、阀片侧面绝缘层（边釉）闪络两种原因。

氧化锌阀片本体劣化时，阻性电流增大的过程是渐进的，即在一段时间的数次测量中电流值是逐渐增高的。此次测试结果与之不相符。

阀片侧面绝缘层（边釉）闪络时，击穿过程是瞬时的，且往往上下阀片绝缘层会贯穿击穿，击穿后将内部阀片短路。电流程纯阻性，故阻性电流为突发式、崩塌式增长。此次测试结果与之相符。

综合上述分析可知，部分电阻片出现沿面闪络导致阻性电流增大，是造成避雷器阻性电流超标和气室温度异常的原因。

4 经验体会

（1）由于氧化锌避雷器长期受系统电压、过电压、外界污秽和内部受潮等因素影响，将出现绝缘性能下降，非线性特性失效，最终老化，阻性电流增大，本体过热，如不及时发现，绝缘击穿将导致避雷器爆炸。

（2）避雷器运行状态直接反映在其阻性电流上。避雷器阻性电流带电检测测试方法简单方便，试验数据可靠稳定，是避雷器状态检测的重要手段。

（3）红外精确测温对发现避雷器受潮、老化导致的发热作用明显。

（4）加强带电测试工作，避雷器阻性电流带电检测及红外精确测温能够有效地发现设备受潮及劣化等导致的过热缺陷。对避雷器进行阻性电流带电检测及对运行中的设备定期开展红外精确测温是十分有必要的，能够及时发现各种设备缺陷。

案例 18　220kV 避雷器阻性电流带电检测分析 2

1　案例经过

220kV 某变电站地处某省某市某县，其 220kVⅡTV 避雷器型号为 Y10W－200/520W，2003 年 9 月投运。2018 年 5 月 15 日，某公司变电检修室电气试验班对 220kV 某变站内避雷器进行运行中持续电流检测。在对 220kVⅡTV 避雷器进行检测时发现数据异常，阻性电流分量有明显增大趋势，运行电压下交流泄漏电流电压相角偏小，为查找原因随即对避雷器进行红外测温，发现避雷器红外图谱异常，避雷器上半部呈现发热，温度高于下半部 1.9K，上报缺陷后进行停电处理。对避雷器进行例行试验，例行试验时发现直流参考电压 U_{1mA} 和 75%U_{1mA} 下直流泄漏电流均超出规程要求。对问题避雷器进行了更换，避免了避雷器因劣化而爆裂的重大事故。解体检查发现避雷器阀片表明有水渍痕迹，并有白色盐类物质生成，说明避雷器受潮。

2　检测分析

（1）交流泄漏电流检测。根据《国家电网公司变电检测管理规定》，110kV 及 220kV 避雷器每年雷雨季节来临前应安排 1 次运行中持续电流检测。试验人员使用 AI－6106 氧化锌避雷器带电检测仪进行交流泄漏电流检测，测试运行电压下避雷器的电流电压相角 φ、全电流 I_x、总阻性电流峰值 I_{rp}、阻性电流基波峰值 I_{r1p}。在对 220kVⅡTV 避雷器进行检测时发现数据异常，测试数据见表 18－1。由表中数据可以看出从 2017 年 5 月开始 B 相避雷器的阻性电流特征数据 I_{rp}、I_{r1p} 出现增长趋势，而 φ 呈现下降趋势。缩短检测周期加强监测，于 2017 年 12 月 28 日再次进行测试，发现同样变化趋势，但阻性电流初值差≤50%而且阻性电流≤全电流数值的 20%，未超出规程要求。2018 年 5 月 15 日带电检测数据显示，阻性电流出现大幅度增长，已超过全电流的 20%，初值差已超过 100%，ϕ 已低于正常范围的 84°，与同间隔其他相测试数据相比也存在较大差值，说明避雷器异常，可能存在阀片受潮或老化的现象，需要停电处理。

表 18－1　避雷器带电检测数据

相别	ϕ（°）	I_x（mA）	I_{rp}（mA）	I_{r1p}（mA）	测试时间
A	85.9	0.460	0.062	0.059	2018 年 5 月 15 日
B	83.2	0.498	0.137	0.133	
C	86.0	0.471	0.070	0.066	

续表

相别	ϕ（°）	I_x（mA）	I_{rp}（mA）	I_{r1p}（mA）	测试时间
A	85.6	0.470	0.069	0.066	2017 年 12 月 28 日
B	84.5	0.471	0.087	0.084	
C	85.4	0.468	0.069	0.065	
A	85.6	0.464	0.067	0.065	2017 年 5 月 16 日
B	85.1	0.469	0.075	0.072	
C	85.7	0.463	0.068	0.065	
A	86.2	0.458	0.067	0.065	2016 年 5 月 31 日
B	85.7	0.459	0.066	0.064	
C	86.3	0.456	0.062	0.060	

《国家电网公司变电检测管理规定》要求：① 阻性电流初值差≤50%且≤全电流数值的 20%，当阻性电流增加 0.5 倍时应缩短试验周期并加强监测，增加 1 倍时应停电检查；② 通过历史数据及同组间其他金属氧化物避雷器的测量结果相比较做出判断，彼此应无显著差异。

（2）红外测温。为了进一步确定 B 相避雷器是否存在异常，试验人员使用红外测温仪对避雷器进行精确测温，红外图像如图 18－1 所示，由图 18－1 可以看出避雷器上下部温度呈现明显温度差异，上部最高温度高于下部最高温度 1.9K。避雷器属于电压致热型设备，当精确测温避雷器本体不同部位温差大于 0.5K 就应引起注意，本次测温温差上下部温差达到 1.9K，属于严重缺陷。上节温度高于下部温度说明上节避雷器异常。

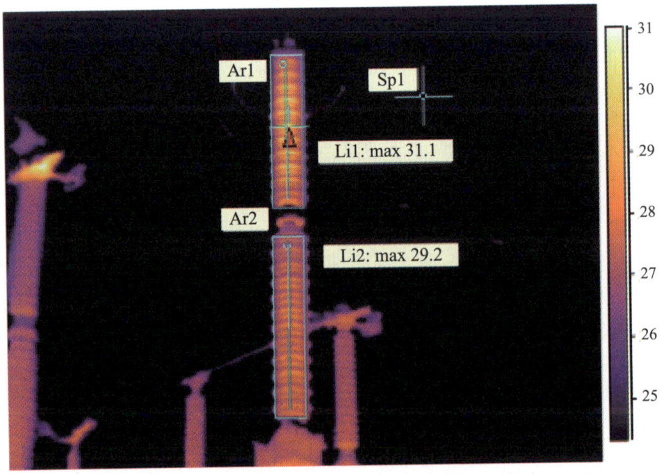

图 18－1　B 相避雷器红外测温图像

（3）直流泄漏电流试验。变电检修人员经申请调度人员批准，在停电并做好安全措施后对避雷器进行例行试验，测试避雷器 1mA 时的直流参考电压 U_{1mA} 和 75%U_{1mA} 下的直流泄漏电流，试验数据见表 18－2。可以看出 A、C 相和 B 相下节 1mA 下直流参考电压初值差不超过±5%，75%U_{1mA} 下直流泄漏电流初值差<30%，符合规定。B 相上节 1mA 下直流参考电压明显降低，初值差虽未超过±5%，但不符合铭牌标注≥148kV 要求，75%U_{1mA} 下直流泄漏电流已达到 42μA，初值差也远高于要求的 30%，达到+425%，说明避雷器的非线性特性不符合规定，避雷器存在阀片受潮老化或瓷群破损的可能。

表 18－2　　例行试验避雷器 U_{1mA} 和 75% U_{1mA} 下直流泄漏电流数据

相别	直流参考电压 U_{1mA}（kV）			75%U_{1mA} 下直流泄漏电流（μA）		
	测试值	初值	初值差	测试值	初值	初值差
A 上	154	151.5	1.7%	9	7	+28.6%
A 下	152.8	150.5	1.5%	8	7	+14.3%
B 上	144.7	149.4	−3.1%	42	8	+425%
B 下	152.0	150.3	1.1%	8	6	+33.3%
C 上	153.7	151.3	1.6%	11	10	+10.0%
C 下	152.7	150.5	1.5%	6	5	+20.0%

3　隐患处理情况

综合上述分析，B 相避雷器不适合继续运行，将整只避雷器更换。试验合格，对更换后的避雷器进行红外测温，未发现异常，如图 18－2 所示。

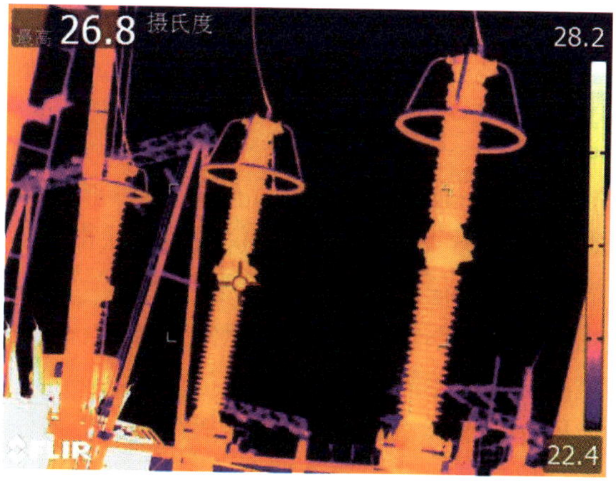

图 18－2　更换后避雷器红外测温图像

在试验大厅内对问题避雷器进行解体检查。发现避雷器阀片表面从上向下有水渍痕迹，如图 18－3 所示，水渍痕迹在避雷器中上部较为明显，共有 21 片阀片有不同程度的受潮痕迹。检查单个阀片发现在水渍痕迹相应位置有白色盐类生成物，如图 18－4 所示。解体检查说明了避雷器受潮，导致避雷器阻性电流超标和红外图像异常，造成避雷器受潮的原因可能是避雷器密封工艺不良。

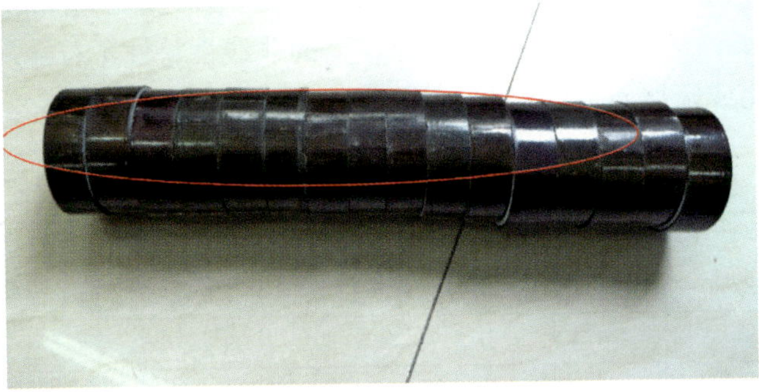

图 18－3　解体后避雷器阀片受潮图

图 18－4　避雷器阀片白色盐类生成物

4　经验体会

（1）避雷器发热属于电压致热型，温度升高不明显，因此用测温仪测试过程中不易被发现。在测试避雷器前，调节红外测温仪使被测避雷器与背景颜色能明显区分开，使避雷器轮廓清晰，以便能看到层次分明的伞裙。

（2）当金属氧化锌避雷器阀片受潮或老化时，阻性电流幅值增加很快，监测阻性电流可以有效地监测避雷器绝缘状况。

（3）应当综合应用交流泄漏电流、红外测温等带电检测方法和停电例行试验对避雷器进行分析判断，以便及时发现避雷器缺陷，解体检查有助于判断故障原因。

案例 19　220kV 避雷器阻性电流带电检测分析 3

1　案例经过

220kV 某变电站 220kV 2 号主变进线避雷器型号为：YH10WZ－204/532，生产日期为 2005 年 11 月，投运日期为 2006 年 12 月 8 日，运行已经超过十年。该避雷器结构形式为金属氧化物避雷器，绝缘体类型属于硅橡胶外套类型。

2018 年 1 月 25 日，电气试验人员对某站避雷器进行阻性电流测试和红外线精确测温，在对 220kV 2 号主变进线避雷器运行电流带电检测时，发现 A 相阻性电流偏大，如图 19－1 所示，A、B、C 三相阻性电流分量分别为：269μA、32μA、23μA，A 相角度为 64.16°，避雷器检测状态为“劣”。

当晚进行红外精确测温发现，220kV 2 号主变进线避雷器 A 相上节最高温度为 7.8℃，B 相温度为 3.7℃，C 相温度为 3.6℃，相间最大温差为 4.2K。根据 DL/T 664—2016《带电设备红外诊断应用规范》要求，避雷器温差应在 0.5～1K 以内，而 A 相避雷器相间温差都在 4K 左右，已经明显超出标准；A 相避雷器严重过热，且符合内部阀片整体劣化的典型热像特征。

为了保证设备运行可靠，变电检修室结合停电计划，于 3 月 20 日对某站 220kV 2 号变进线雷器停电更换。

2　检测分析

（1）避雷器运行中持续电流检测。运行中持续电流检测时，发现 220kV 2 号主变进线避雷器 A 相存在阻性电流偏大、阻性电流占比偏高、阻性电流与全电流相位角偏小等数据异常现象，检测数据见表 19－1。

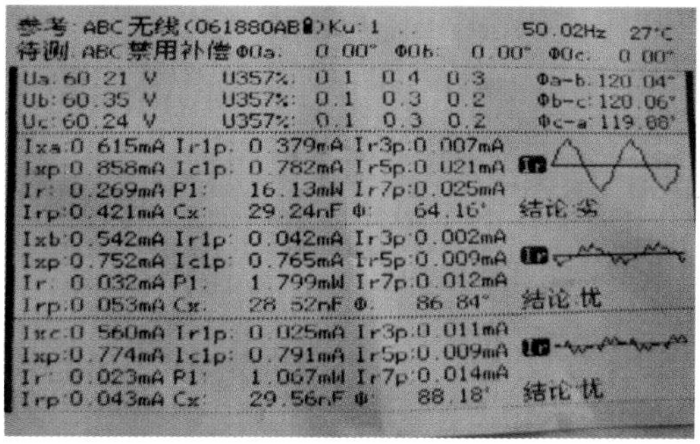

图 19－1　220kV 2 号变进线避雷器运行中持续电流检测

表 19－1　　220kV 2 号变进线避雷器运行中持续电流部分数据

相位	全电流有效值（μA）	阻性电流（μA）	相位角 φ（°）	评价结果
A	615	269	64.16	劣
B	542	32	86.84	优
C	560	23	88.18	优

A、B、C 三相避雷器的全电流有效值 I_X 分别为：615μA、542μA、560μA，A、B、C 三相避雷器阻性电流分量分别为：269μA、32μA、23μA，A 相明显大于 B、C 两相，A 相的阻性电流分量在全电流中占比达到 43.7%，相位角仅有 64.16°，阻性电流分量已经明显异常，阻性电流初值差达到 74%，根据 Q/GDW 1168—2013《输变电设备状态检修试验规程》，避雷器阻性电流初值差应≤50%，该组避雷器 A 相阻性电流初值差均已严重超标，具体情况需结合红外精确测温结果综合分析。

（2）红外热像检测。1 月 25 日晚，试验人员对某变电站 220kV 2 号主变进线避雷器进行精确测温，气温 5℃，湿度 50%，风速 0.4m/s。发现 220kV 某变电站 220kV 2 号主变进线 A 相避雷器存在发热异常，试验人员四位一体测温法对避雷器进行拍摄，如图 19－2 所示。

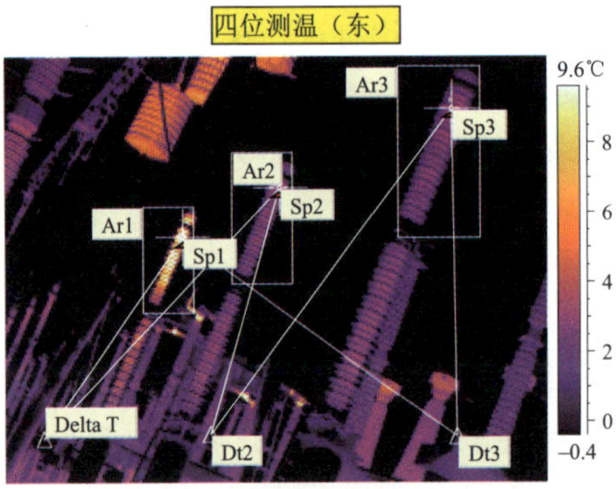

Ar1 最高温度	7.8℃
Ar2 最高温度	3.7℃
Ar3 最高温度	3.6℃
Sp1 温度	7.8℃
Sp2 温度	3.6℃
Sp3 温度	3.6℃
Delta T 值	4.1
Dt2 值	0.1
Dt3 值	4.2

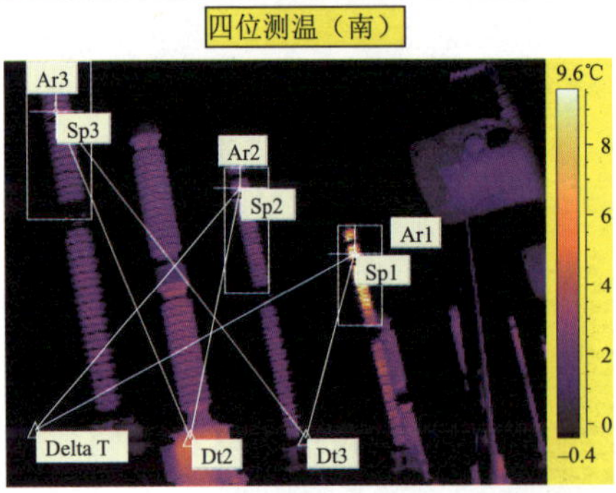

Ar1 最高温度	7.2℃
Ar2 最高温度	3.3℃
Ar3 最高温度	3.0℃
Sp1 温度	7.2℃
Sp2 温度	3.3℃
Sp3 温度	3.0℃
Delta T 值	3.9
Dt2 值	0.3
Dt3 值	4.2

图 19－2　四位一体红外测温图谱（一）

四位测温（西）

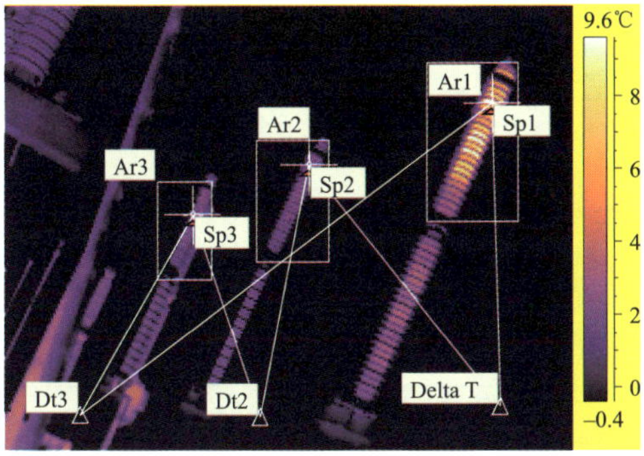

Ar1 最高温度	7.2℃
Ar2 最高温度	2.9℃
Ar3 最高温度	2.9℃
Sp1 温度	7.2℃
Sp2 温度	2.9℃
Sp3 温度	2.9℃
Delta T 值	4.3
Dt2 值	0.0
Dt3 值	4.3

四位测温（北）

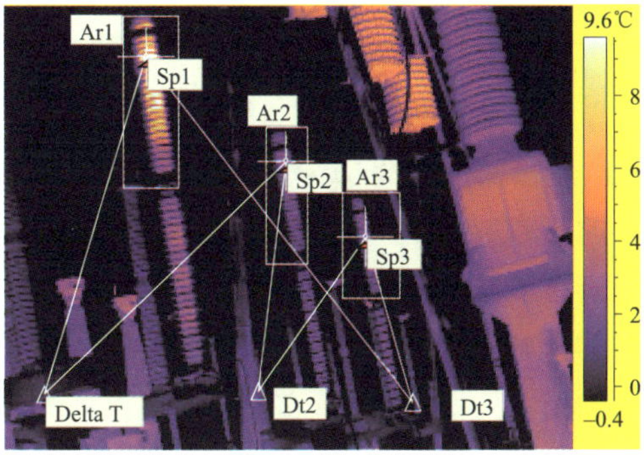

Ar1 最高温度	7.3℃
Ar2 最高温度	3.0℃
Ar3 最高温度	3.0℃
Sp1 温度	7.3℃
Sp2 温度	3.0℃
Sp3 温度	3.0℃
Delta T 值	4.3
Dt2 值	0.0
Dt3 值	4.3

图 19－2　四位一体红外测温图谱（二）

三相整体拍摄可以从四个侧面看出，A 相避雷器上节与其他两相相比，都存在明显的整体过热特征。测试温度结果见表 19－2。

表 19－2　　大四位拍摄结果

温度分布	侧面 1	侧面 2	侧面 3	侧面 4
A 相最高温度 t_{maxA}（℃）	7.8	7.2	7.2	7.3
B 相最高温度 t_{maxB}（℃）	3.7	3.3	2.9	3.0
C 相最高温度 t_{maxC}（℃）	3.6	3.0	2.9	3.0
相间最大温差 Δt（K）	4.2	4.2	4.3	4.3

四个侧面，A 相避雷器与 B、C 两相的最大温差分别为 4.2K、4.2K、4.3K、4.3K。根据 DL/T 664—2016《带电设备红外诊断应用规范》要求，避雷器温差应在 0.5～1K 以内，而 A 相避雷器相间温差都在 4K 左右，已经明显超出标准，A 相避雷器严重过热，且符合内部阀片整体劣化的典型热像特征。

3 隐患处理情况

为了保证设备运行可靠，变电检修室结合停电计划，于 3 月 20 日对某站 220kV 2 号主变进线避雷器停电更换。

（1）1mA 电流下的直流参考电压试验。3 月 20 日，试验人员对更换下来的避雷器进行了直流泄漏电流试验，并与历次试验数据进行了对比分析，见表 19－3。

表 19－3　　1mA 电流下的直流参考电压试验

位置	U_{1mA}（kV）	$I_{75\%U1mA}$（μA）
A 相上节	147.6	96
A 相下节	152.4	24

从本次测试数据可以看出，A 相上节 1mA 电流下直流参考电压为 147.6kV；75%U_{1mA} 下的泄漏电流为 96μA，远远超出 50μA 的规程规定值，下节测试结果合格。说明 B 相避雷器绝缘性能已经严重裂化，造成泄漏电流的大幅度增加。

（2）故障避雷器解体。为了进一步确认避雷器异常发热的原因，试验人员将 2 号主变进线 A 相避雷器进行解体检查。解体后经检查发现从 A 相避雷器上节的中、上部分阀片分布着较大范围的白色颗粒物，如图 19－3 所示，应是避雷器内部长期受潮的残留痕迹。

图 19－3　避雷器解体图片

4 经验体会

（1）避雷器发热属于电压致热型，内部故障初期温升较小，一般在 0.5～5K，严重时 5～10K，因此一般测温很难发现其过热特征。在对避雷器测温前，应调节红外热像仪的温标，使温宽差值保持在 5～10K，再进行电平的整体调整，使画面中避雷器与背景颜色达到最佳的对比度，以便对发热位置进行判断和定位。

（2）运行中持续电流检测作为一种传统的带电检测手段，对避雷器内部的受潮和老化故障反应较为灵敏，在测试时采用 TV 二次电压感应法，可保证测量的各电流组分含量、相位角准确。对于电流组分异常变化的避雷器，应结合红外精确测温进一步分析。

案例 20　110kV 避雷器阻性电流带电检测分析 1

1　案例经过

110kV 某变电站 110kV 某线 14 线避雷器，设备型号 HY10WZ－108/281，生产日期为 1996 年 1 月，投运日期为 1996 年 6 月 24 日，该避雷器结构形式为金属氧化物避雷器，绝缘体类型属于瓷外套类型。

2018 年 3 月 22 日，电气试验人员对某站避雷器进行阻性电流测试和红外线精确测温，发现 110kV 某线 14 线避雷器 A 相阻性电流 I_r 偏大，三相阻性电流分别为 0.118mA、0.147mA、0.127mA。三相角度分别为 77.11°、73.98°、76.70°，根据避雷器状态划分规定，避雷器检测状态为“劣”。从红外图谱显示，A 相避雷器整体发热明显，B 相与 A 相温差为 3.9K，根据 Q/GDW 1168—2013《输变电设备状态检修规程》该缺陷属于严重缺陷。通过以上两种带电检测方法所得结果分析，推断某站 110kV 某线 14 线避雷器存在受潮、劣化现象。

2　检测分析

（1）避雷器运行中持续电流检测。运行中持续电流检测时，发现 110kV 某线 14 线避雷器存在阻性电流偏大、阻性电流占比偏高、阻性电流与全电流相位角偏小等数据异常现象，检测数据见表 20－1。

表 20－1　　110kV 某线避雷器运行中持续电流部分数据

测试时间	相位	全电流有效值 I_X（μA）	阻性电流（μA）	相位角 φ（°）	阻性电流占全电流百分数	全电流初值差	阻性电流初值差
2018 年 3 月 22 日	A	529	118	77.11	22.3%	－1.49%	6.3%
	B	532	147	73.98	27.6%	－0.56%	38.7%
	C	552	127	76.70	23%	2.03%	25.7%
2016 年 8 月 1 日	A	537	111	78.07	20.7%		
	B	535	106	78.57	19.8%		
	C	541	101	79.2	18.7%		

全电流分析：A、B、C 三相避雷器 I_X 分别为：529μA、532μA、552μA，全电流初值差最大为 2.03%，满足 Q/GDW 1168—2013《输变电设备状态检修试验规程》

要求，即避雷器全电流初值差低于 20%（注意值）。

阻性电流分析：A、B、C 三相避雷器阻性电流分量 I_R 分别为：118μA、147μA、127μA，B 相大于 A、C 两相，三相电流的 I_R 在 I_X 中占比分别达到 22.3%、27.6%、23%，相位角分别为仅有 77.11°、73.98°、76.70°，运行状态均判断为“劣”，且阻性电流初值差分别为 6.3%、38.7%、25.7%，说明三相相阻性电流分量存在异常增长现象。具体情况需结合红外精确测温结果综合分析。

（2）红外热像检测。3 月 22 日晚，试验人员对 110kV 某变电站 110kV 某线 14 线避雷器进行精确测温，夜间气温 8℃，湿度 50%，风速 0.4m/s。发现 110kV 某变电站 110kV 某线 14 线避雷器 A 相存在发热异常，红外图谱如图 20－1 所示。

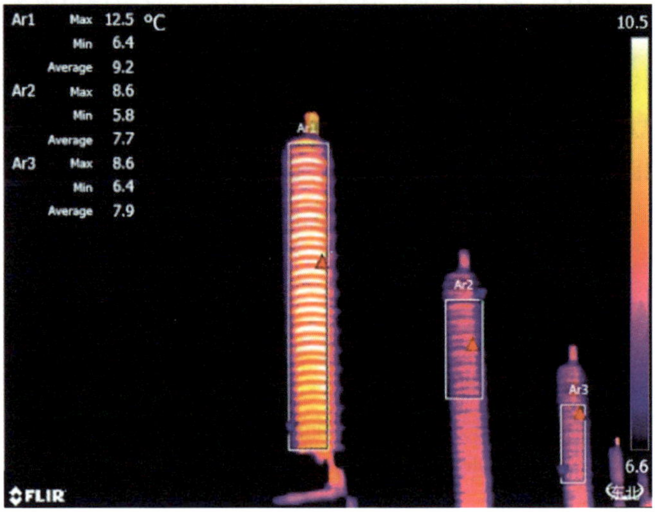

图 20－1　红外图谱

三相整体拍摄可以看出 A 相避雷器温度较高，与其他两相相比存在明显的整体过热特征。测试温度结果见表 20－2。

表 20－2　红外测温结果

相别	A	B	C	温差
温度（℃）	12.5	8.6	8.6	3.9K

从测试结果可以看出，A 相温度最高为 12.5℃，与 B、C 相相比最大温差为 3.9K，根据 DL/T 664—2016《带电设备红外诊断应用规范》要求，避雷器温差应在 0.5～1K 以内，且符合内部阀片整体劣化的典型热像特征。

3　隐患处理情况

为了保证设备运行可靠，变电检修室及时申请停电计划，于 5 月 15 日安排 110kV 某线 14 避雷器停电更换。

（1）1mA 电流下的直流参考电压试验。5 月 15 日，电气试验一班在对更换下来的 110kV 某线 14 避雷器的直流泄漏电流进行了测试，并与历次试验数据进行对比分析，见表 20－3。

表 20－3　　1mA 电流下的直流参考电压试验

项目 / 位置	2018.5.15		2015.5.18	
	U_{1mA}（kV）	$I_{75\%U1mA}$（μA）	U_{1mA}（kV）	$I_{75\%U1mA}$（μA）
A 上节	157.7	54	157.8	20
B 上节	158.7	46	158.9	16
C 下节	157.5	46	158.3	15

从本次测试数据可以看出，三相直流参考电压 U_{1mA} 测试结果合格，但 A 相避雷器在 $75\%U_{1mA}$ 下的泄漏电流为 54μA，超出了《国家电网公司变电检测管理规定》中金属氧化锌避雷器 $0.75U_{1mA}$ 泄漏电流初值差≤30%或≤50μA（注意值）的要求。B、C 两相的泄漏电流也有较高增长。在前一次试验中，测试数据均合格，仅在本次测试，$75\%U_{1mA}$ 下的泄漏电流激增，说明避雷器绝缘性能已经严重裂化，造成泄漏电流的大幅度增加。

（2）避雷器更换。为防止继续运行出现严重事故，变电检修室对 110kV 某线 14 避雷器进行了更换，如图 20－2 所示。更换后试验人员对新避雷器进行交接试验，数据合格。

图 20－2　避雷器更换

4 经验体会

（1）导致该相避雷器发热的原因有两个，一是内部存在受潮和阀片老化，从而导致避雷器阻性电流增加；另外一个原因就是避雷器外部污秽附着，亲水性增加，导致阻性电流增加，避雷器发热。

（2）运行中持续电流检测作为一种传统的带电检测手段，对避雷器内部的受潮和老化故障反应较为灵敏，在测试时应尽量采用 TV 二次电压感应法，以保证测量的各电流组分含量、相位角准确。对于电流组分异常变化的避雷器，应结合红外精确测温进一步分析。

案例 21　110kV 避雷器阻性电流带电检测分析 2

1　案例经过

2016 年 5 月 31 日，某公司电气试验人员对 110kV 某变电站避雷器进行阻性电流带电检测，发现 110kV 某线路 B 相避雷器阻性电流超标，与上次试验相比初值差达到 438%，且数值约为其他两相的 6 倍，因此初步判断设备存在异常。

结合 2016 年春检计划安排，6 月 3 日对该避雷器进行了停电诊断性试验，其中 B 相避雷器绝缘电阻试验和 1mA 参考电压及 0.75 倍 1mA 参考电压下的泄漏电流试验结果均为不合格。随后，检修人员对 B 相避雷器进行拆卸检查，发现上部接线板严重锈蚀，避雷器受潮导致绝缘性能显著下降。6 月 14 日，检修人员对其进行更换处理后，经试验合格，隐患得以消除。

2　检测分析

2016 年 5 月 31 日，某公司电气试验人员对 110kV 某站避雷器进行雷雨季节前阻性电流带电检测，发现 110kV 某线路 B 相避雷器阻性电流超标，具体数据见表 21－1、表 21－2。

表 21－1　　2016 年 110kV 某线路避雷器带电检测数据

站名	设备位置	测试日期	温度	相对湿度	相位	系统电压（kV）	泄漏电流（μA）						
							I_x	I_{xp}	I_{rp}	I_{r1p}	I_{c1p}	P_1（W）	Φ
110kV 某站	110kV 某线路	2016 年 5 月 31 日	28℃	48%	A	67.32	620	841	124	119	868	5.684	82.17°
					B	65.87	981	1105	738	589	1222	9.534	52.35°
					C	67.43	624	859	84	76	879	3.643	85.02°

表 21－2　　2015 年 110kV 某线路避雷器带电检测数据

站名	设备位置	测试日期	温度	相对湿度	相位	系统电压（kV）	泄漏电流（μA）						
							I_x	I_{xp}	I_{rp}	I_{r1p}	I_{c1p}	P_1（W）	Φ
110kV 某站	110kV 某线路	2015 年 5 月 27 日	27℃	50%	A	67.56	618	834	123	115	866	5.532	82.39°
					B	67.61	654	893	137	128	915	6.135	82.01°
					C	67.58	622	852	106	93	880	4.447	83.96°

Q/GDW 1168—2013《输变电设备状态检修试验规程》规定："避雷器阻性电流通过与历史数据及同组间其他避雷器的测量结果相比判断，彼此应无显著差异；全电流初值差不超过20%，阻性电流初值差不超过50%；当阻性电流增加0.5倍时应缩短试验周期并加强监测，增加1倍时应停电检查。"由表21－1数据可见，A、C两相数据均正常；B相阻性电流峰值达到738μA，约为其他两相的6倍；B相数据与上次试验相比，全电流增大50%，阻性电流增大438%。因此初步判断设备存在严重缺陷。

2016年6月3日，对其进行停电诊断性试验。在对B相避雷器进行绝缘电阻测试中，数值上升不稳定，60s底座绝缘电阻仅为60MΩ，不满足规程规定的100MΩ要求。直流1mA参考电压及0.75倍1mA参考电压下的泄漏电流试验结果见表21－3。

表21－3　　110kV某线路避雷器直流泄漏电流试验数据

相别	直流1mA参考电压			0.75倍1mA参考电压下的泄漏电流		
	实测值（kV）	初值（kV）	初值差	实测值（μA）	初值（μA）	初值差
A	155.5	155.2	0.19%	13.3	12.0	10.83%
B	67.3	152.5	－24.17%	454	14.1	3119%
C	155.1	154.9	0.13%	13.9	14.5	4.13%

规程规定，直流1mA参考电压初值差不能超过±5%，0.75倍1mA参考电压下的泄漏电流初值差不能超过30%或不超过50μA。由表21－3数据可见，B相避雷器直流1mA参考电压及0.75倍1mA参考电压下的泄漏电流均已严重超标，表明设备已严重受潮劣化。

3　隐患处理情况

6月14日，检修人员对110kV某线路B相避雷器进行了拆卸检查，发现上部接线板与绝缘外套结合处有缝隙，取下紧固螺栓时有带锈迹的水从上法兰流出，接线板已严重锈蚀，如图21－1、图21－2所示。经分析，认为该避雷器上部接线板与绝缘外套存在密封不良情况，使其长期室外运行下，雨水和潮气进入缝隙并渗透至避雷器内部，造成受潮劣化，导致绝缘性能严重下降。

随后，检修人员对该损坏避雷器进行了整体拆除及吊装更换，经交接试验合格。投运后对其进行阻性电流带电检测，数据恢复到合格范围内，并与其他两相数值相差不大，见表21－4，隐患成功排除。

图21－1　B相避雷器拆卸检查（一）

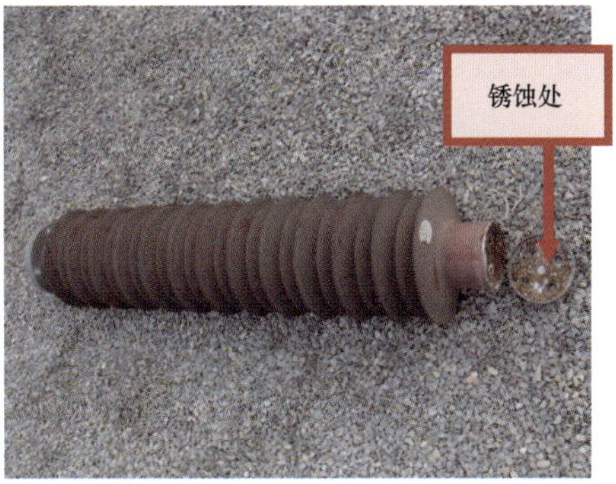

图21－2　B相避雷器拆卸检查（二）

表21－4　　更换后110kV某线路避雷器带电检测数据表

站名	设备位置	测试日期	温度	相对湿度	相位	系统电压（kV）	泄漏电流（μA）						
							I_x	I_{xp}	I_{rp}	I_{r1p}	I_{c1p}	P_1（W）	Φ
110kV某站	110kV某线路	2016年6月12日	30℃	55%	A	67.46	619	833	122	115	869	5.534	82.40°
					B	67.50	614	819	103	88	854	4.538	83.11°
					C	67.55	624	855	109	95	882	4.486	83.06°

4　经验体会

（1）氧化锌避雷器内部受潮是引起设备缺陷隐患的重要原因之一，阻性电流带电检测能够及时有效发现其老化受潮等潜伏性缺陷，因此应严格按照规程要求在每年雷雨季节前开展避雷器带电检测。

（2）避雷器内部受潮、老化大都由于制造、安装或施工工艺不良导致，且在交接试验中难以及时发现隐患，因此应加强设备厂家全过程技术监督。

（3）在避雷器阻性电流带电检测数据分析时，应按照规程要求，与注意值、初值、同组间其他正常避雷器数值相比较，综合判断，发现隐患及时上报处理。

第 4 篇　GIS 内置避雷器异常案例

案例 22　220kV GIS 内置避雷器失地缺陷检测分析

1　案例经过

2015 年 11 月 10 日，变电检修室电气试验班人员进行带电测试工作时，发现某变电站 220kVGIS 内置避雷器 217 间隔 A 相避雷器泄漏电流表指针为零，其他两相读数均为 0.45mA，试验人员对该间隔避雷器进行泄漏电流带电测试，发现 A 相避雷器测试数据为零，确定气室内避雷器失地运行。

2015 年 12 月 14 日，某线间隔停电后，检修人员现场检查，发现 A 相气室内避雷器接地引出线与接地端断开连接，相关人员随即进行了消缺处理。

2　检测分析

2015 年 11 月 10 日，变电检修室电气试验班人员进行带电测试过程中，发现某变电站 220kV GIS 内置避雷器间隔 A 相避雷器泄漏电流表读数为零，其他两相读数为 0.45mA，查询 2015 年 5 月带电测试记录数据，进行避雷器泄漏电流带电测试时 A 相读数为 0.44mA。现场试验人员随即对 217 间隔避雷器进行泄漏电流带电测试，如图 22－1 所示。

图 22－1　避雷器带电测试现场照片

测试发现 A 相避雷器相关测试数据全部为零，如图 22－2 所示。其中参考电压信号为母线 TV 侧电压，补偿方式为禁用补偿。

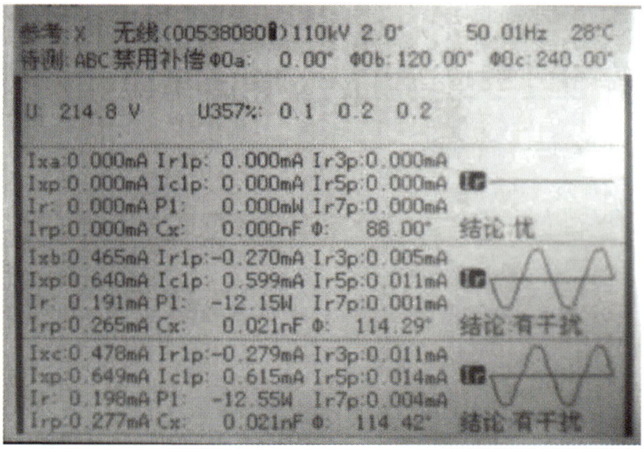

图 22－2　某线避雷器带电测试结果

为排除由于检测仪器或泄漏电流表本身原因造成的读数为零，检测人员采用交换三相测试钳的方式进行了排除，测试结果显示 A 相测试数据全部为零，说明没有电流流过测试回路。

运行中的避雷器在电压作用下产生泄漏全电流 I_x，含有容性分量 I_c 和阻性分量 I_r。一般情况下泄漏全电流变化不大，阻性电流主要通过功角 Φ 的变化来反映。避雷器性能良好时，阻性电流占比约为 10%～20%。避雷器带电测试采用投影法计算避雷器泄漏电流 I_x 的阻性分量 I_r 和容性分量 I_c。内置于 GIS 设备气室的避雷器接地端引出 GIS 气室后，经过泄漏电流表串联后接地，如图 22－3 所示。

图 22－3　内置避雷器接地引出端照片

查询 2015 年 5 月带电测试数据，发现上次 A 相避雷器泄漏电流表读数为 0.44mA。根据现场情况，测试人员确定 A 相避雷器存在失地运行缺陷。具体情况有以下两种：

（1）避雷器低压端引出线与接线端断开，搭接在 GIS 外壳接地，如图 22－4 所示。

此时，避雷器虽正常运行，能够起到过电压保护作用，但是泄漏电流不会流过泄漏电流表，由于 GIS 中避雷器接地引出端直接与泄漏电流表上端直接相连。因此也无法进行带电测试，从而没有办法判断避雷器内部受潮及阀片劣化程度。

（2）避雷器低压端子与泄漏电流表断开连接，形成低压端子与接地极间的开路，如图 22－5 所示。

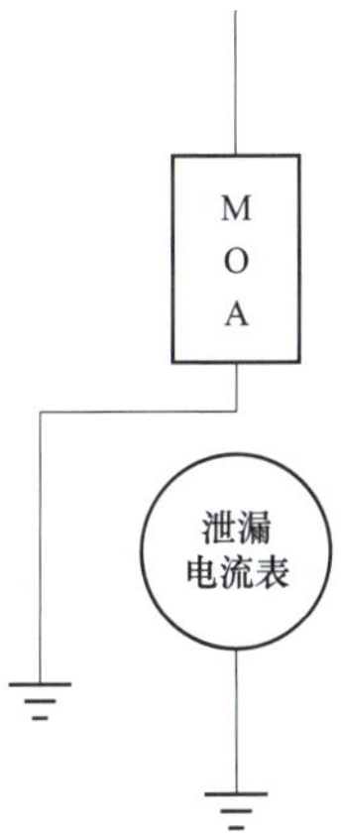

图 22－4　内置避雷器接地引线断开后搭接 GIS 外壳示意图

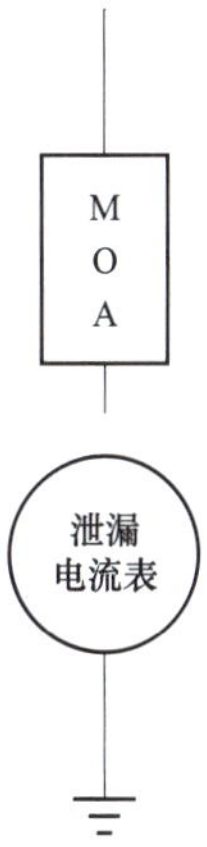

图 22－5　内置避雷器失地运行示意图

此时避雷器处于失地运行状态，无法起到过电压保护作用。

通过以上分析，可以确定避雷器气室内接地引出线与泄漏电流表断开连接是导致表计示数为零的原因。要确定避雷器是否失地运行需要打开 GIS 气室对内部进行检查。

3　隐患处理情况

12 月 14 日，将某线 217 间隔停电后，检修人员检查间隔内设备，发现 A 相避雷器气室内避雷器接地引出线（绝缘子内侧）的导线从压接线夹脱出，见图 22－6，造成 A 相避雷器失地运行。

图 22-6　A 相避雷器接地引线断开图片

发现该缺陷后，变电检修室立即联系厂家，厂家人员检查缺陷情况后承认安装工艺问题是造成缺陷的根本原因。随即现场人员对 A 相线夹进行了压接处理，并对 B、C 相该位置重新进行了紧固处理。12 月 15 日，线路送电后送进行泄漏电流带电测试，测试数值正常，结果见表 22-1。

表 22-1　　缺陷处理后运行中持续电流测量值

相别	I_x（μA）	I_r（μA）	I_c（μA）	Φ
A	466	60	402	87.00°
B	465	58	398	87.59°
C	478	57	400	87.72°

4　经验体会

采用内置结构的避雷器，一旦存在缺陷后处理流程较为复杂。为防止此类故障的再次发生，应采取以下措施。

（1）GIS 设备的断路器、隔离开关气室均为厂家安装调试完成后整体运输和安装，在现场一般只进行母线安装对接、电压互感器和避雷器的对接等。现场应重点对需现场打开气室进行安装或对接的工作进行监督，严格控制土建施工，保证清洁度，对连接线材、螺栓等牢固性进行专项检查。

（2）根据《国家电网公司十八项电网重大反事故措施》规定，110kV 及以上电压等级避雷器均安装泄漏电流表，运行中应按时记录泄漏电流，定期历史数据比对，及时发现避雷器内部阀片是否老化、受潮。

（3）由于泄漏电流阻性分量所占比重较小，在避雷器阀片劣化初期，阻性电流的增大并不会使泄漏电流发生明显变化。因此，雷雨季节前后应严格进行避雷器带电测试，准确地测量泄漏电流各分量，实现在设备不停电情况下检查阀片性能，提前发现设备缺陷。

案例 23 110kV GIS 内置避雷器局部放电缺陷检测分析

1 案例经过

220kV 某变电站 110kV 侧设备为双母线接线方式、三相箱式组合电器设备，110kV 线路某 117 间隔避雷器为某开关电气有限公司生产，于 2017 年 6 月 1 日出厂，2017 年 12 月 16 日正式投运，运行仅半年时间。

2018 年 5 月 7 日，变电检修室电气试验班作业人员按计划对 220kV 某变电站开展避雷器带电检测时，发现 110kV 某线路避雷器存在异常声响。检测人员首先按要求对该避雷器进行运行电压下泄漏电流测试，避雷器 A、B、C 三相泄漏全电流、阻性电流基本平衡，试验数据未见明显异常。由于该间隔避雷器异常声响较大，试验人员随后对该间隔设备采用超声波、特高频、SF_6 分解物检测等多手段进行精确检测，发现 110kV 某线路避雷器气室存在超声波异常缺陷，幅值达到 147mV（背景 0.3mV），特高频局放检测、SF_6 气体分解物测试，结果均正常。

由于正值某上合峰会保电关键时期，变电检修室立即联系厂家确认缺陷原因，判断该缺陷为设备共振引起，长期共振可能造成该间隔设备尤其是避雷器气室内部部件松动，有引起内部放电产生的隐患。2018 年 5 月 31 日，设备厂家配合检修人员对该缺陷进行处理，通过调整螺栓将避雷器器身上调约 5mm，异常声响消失，随后电气试验人员对 110kV 某线路避雷器进行复测，超声信号消失，设备恢复正常。

2 检测分析

2.1 检测情况

2018 年 5 月 7 日电气试验班人员按计划在雷雨季节前对 220kV 某变电站开展避雷器带电检测。在检测过程中，试验人员发现 110kV 某线路避雷器存在异常声响。

（1）泄漏电流测试。检测人员首先按要求对该避雷器进行运行电压下泄漏电流测试，某线路避雷器 A、B、C 三相泄漏全电流分别为 356μA、355μA、352μA，阻性电流三相也基本平衡，分别为 56μA、57μA、52μA，试验数据未见明显异常，测试数据见表 23－1，检测现场如图 23－1 所示。

表 23-1　　110kV 某线路避雷器超声波检测数据

测试点	背景值（mV）	测试值（mV）	备注
1	0.3	146	
2	0.3	147	最大点
3	0.3	95.8	
4	0.3	95.5	
5	0.3	126.8	
6	0.3	116.3	

图 23-1　110kV 某线路避雷器带电检测现场图

（2）超声波检测。由于该间隔避雷器异常声响较大，作业人员对 110kV 某避雷器进行超声波检测，发现该避雷器气室四周均存在超声波异常信号，对该避雷器进行多点测试，在避雷器罐体上幅值变化不大，最大幅值达到 147mV（背景 0.3mV），比背景值高 490 倍，人耳可明显听到异常声响，100Hz 相关性大于 50Hz 相关性，相位模式下点呈竖条状排列，呈现明显的振动特征。波形模式下一个周期可见两次波峰，与幅值模式下 100Hz 相关性较大相符，测试图谱、测点布置如图 23-2、图 23-3 所示。

（3）特高频检测。220kV 某变电站 110kV 某线路避雷器盆式绝缘子为非金属屏蔽，在盆式绝缘子处进行特高频检测，检测结果正常，测试图谱如图 23-4 所示。

（4）SF_6 分解物检测。进行 SF_6 分解物检测，检测结果正常，测试数据见图 23-5、表 23-2。

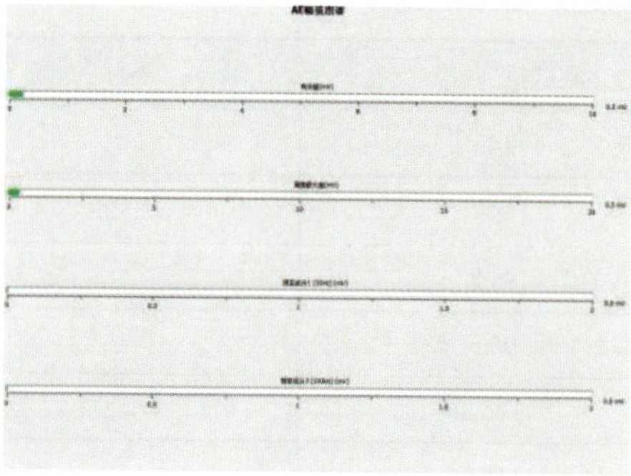

（a）

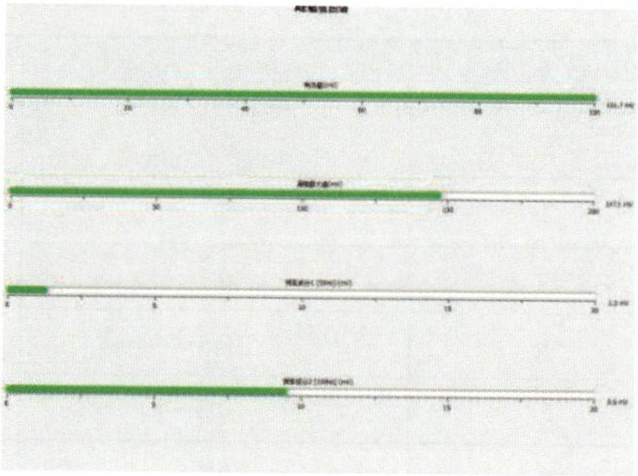

（b）

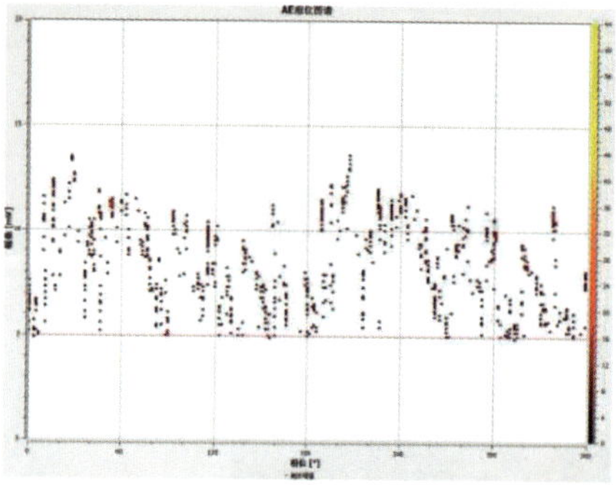

（c）

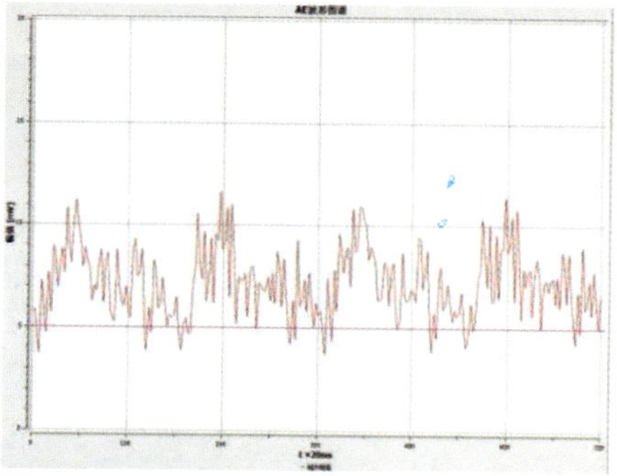

（d）

图 23-2　110kV 某线路避雷器超声波测试图谱

（a）背景图谱；（b）幅值模式；（c）相位模式；（d）波形模式

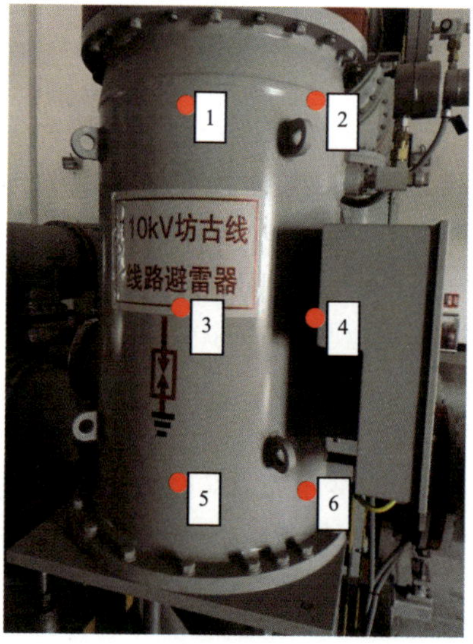

图 23-3　超声波检测点布置图

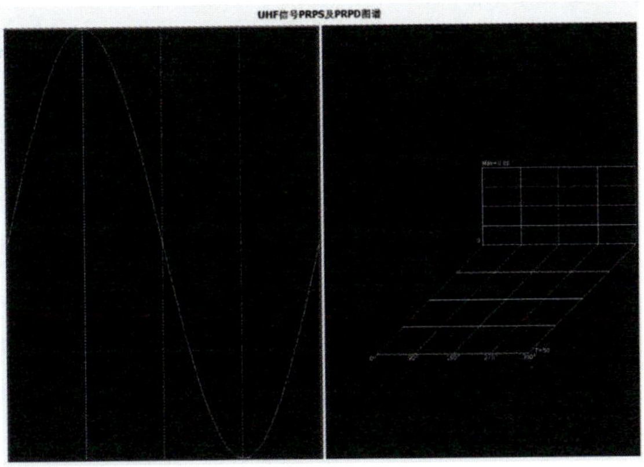

图 23-4　特高频局放测试图谱

表 23-2　　110kV 某线路避雷器 SF_6 分解物检测数据

组分	SO_2（μL/L）	H_2S（μL/L）	CO（μL/L）	HF（μL/L）	结论
含量	0	0	0	0	合格

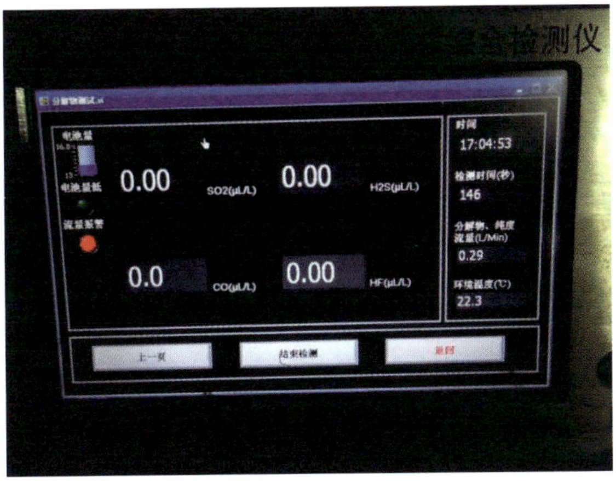

图 23-5　SF_6 分解物检测

2.2　分析判断

综合超声波、特高频、SF_6 分解物检测结果，判断设备内部未发生局部放电，是振动缺陷。GIS 振动缺陷可能有三方面原因：磁滞振动、内部绝缘子松动、设备共振。

因 GIS 为三相共箱式结构，三相磁场相互平衡，咨询厂家确定壳体为铝锰合金材料，可以排除磁滞振动影响。超声幅值在避雷器罐体上幅值变化不大，且咨询厂家确定此处无支持绝缘子，可以排除绝缘子松动缺陷。综合分析判断振动的原因可能为避雷器气室下部底座螺栓处松动，引起设备共振。

3 隐患处理情况

（1）2018 年 5 月 31 日，检修人员，对 110kV 某线路避雷器检查处理。

（2）检修人员经过现场检查，发现避雷器四角底座螺栓靠近泄漏电流表左前方一颗螺母与底座之间存在裂痕，缝隙 2mm 左右，存在螺母未受力现象，造成避雷器底座四角支撑螺栓受力不均。确认该缺陷后，立即对避雷器底座螺栓进行紧固并对底座四角螺栓进行高度调整，确保避雷器底座四角保持水平。松开底座螺栓上螺母后，通过拧紧下螺母将避雷器上调，同时用水平尺测量垂直度，使器身保持垂直。在调整过程中，同步开展局放检测，避雷器底座左后侧螺栓上调约 5mm 后，异常信号完全消失，现场处理情况如图 23－6 所示。

图 23－6　检修人员调节避雷器底座高度

根据现场处理情况，分析原因可能为：避雷器安装时螺栓紧固力矩不够，长期运行出现螺栓松动和避雷器振动，导致避雷器气室与隔离开关气室盆式绝缘子导体连接部位受力不平衡，造成局部放电。

处理完毕，检修人员使用局放检测仪（T90）对处理后的避雷器进行超声波、特高频局部放电检测，测试图谱如图 23－7 所示，避雷器局部放电信号消失，设备运行恢复正常。

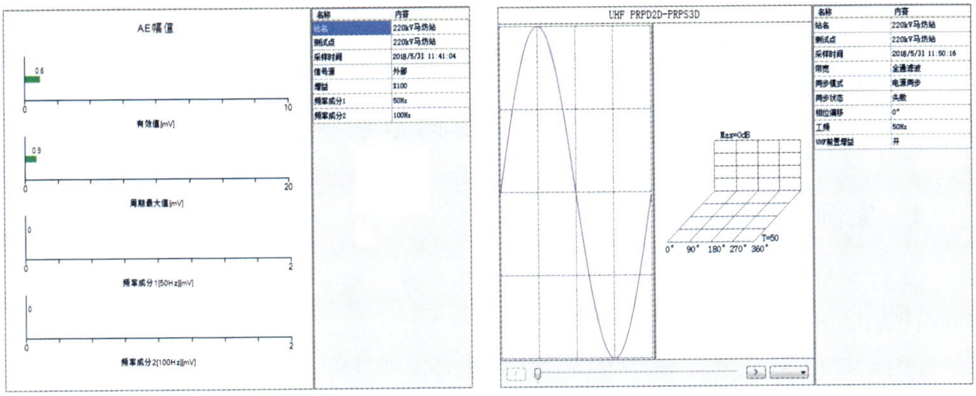

图 23-7　110kV 某线路避雷器处理后测试图谱

4　经验体会

220kV 某变电站设备存在振动缺陷，长期运行引发内部部件松动，有引起设备内部放电的隐患。

（1）本例中 GIS 超声波异常信号是由于 GIS 共振引起，缺陷图谱典型；综合运用超声、特高频、SF_6 分解物检测进行综合判断。应重视异常设备，需要对数据、图谱进行横向和纵向分析比较，并要注意其状态的变化情况。

（2）超声波局部放电检测可以有效发现设备内部机械振动缺陷，对 GIS 内部颗粒、共振等缺陷具有较高灵敏度。

（3）对变电站组合电器进行螺栓紧固力矩检查，发现螺栓松动应及时使用力矩扳手对其进行紧固调整，并做紧固标记。

案例 24 220kV GIS 内置避雷器盆式绝缘子放电缺陷检测分析

1 案例经过

某站 220kV GIS 为某高压开关有限公司产品，型号为 ZF6－252，避雷器型号为 Y10WF－200/520，投运日期均为 2006 年 7 月，已运行 12 年。

2018 年 12 月 21 日，检修人员完成对 3 号主变 220kV 侧 22203－3 隔离开关的漏气盆式绝缘子进行处理后，电气试验班工作人员对间隔进行交流耐压试验，发现当电压升到 135kV 时 3 号主变 220kV 进线侧避雷器 A 相有放电声，打开 A 相避雷器气室发现内部的盆式绝缘子发生放电损坏。变电运检室工作人员立即联系厂家连夜进行了更换。12 月 23 日试验人员再次对更换绝缘子后的 3 号主变 220kV 进线侧 A 相避雷器气室进行耐压试验，试验合格。

2 检测分析

（1）交流耐压试验。

2018 年 12 月 21 日，检修人员在完成对漏气的 3 号主变 220kV 侧 22203－3 隔离开关绝缘盆进行更换后进行耐压试验。从 3 号主变 220kV 侧加压，加压至主变侧 22203 断路器的主变侧断口。由于整体间隔运行时间较长，初步设定耐压等级为运行电压，即 138kV（运行电压的 1.1 倍）。试验人员从 3 号主变 220kV 进线侧进线套管处加压，当电压升到 135kV 左右时试验人员听到 A 相避雷器气室有放电击穿声，串联谐振耐压装置跳闸。为确定放电声是 A 相避雷器气室发出的，试验人员首先甩开 3 号主变 220kV 进线侧 A 相避雷器气室，只对 B、C 两相进行耐压试验，试验电压 138kV，耐压时间 1min，试验合格。

然后试验人员只对 A 相进行耐压试验，当电压升到 43kV 时 A 相避雷器气室内再次发出放电声，串联谐振耐压装置再次跳闸。

试验人员仔细检查现场情况，避雷器间隔无接地点，试验仪器接线正常，仪器接地端可靠连接。

（2）绝缘电阻试验。

试验人员在进行间隔耐压试验前，首先对被耐压设备进行绝缘电阻试验，试验数据见表 24－1，绝缘电阻大于 200GΩ，说明在进行耐压试验前，被试设备无接地。

表 24-1　　绝缘电阻试验

	A 相	B 相	C 相
耐压试验前	>200GΩ	>200GΩ	>200GΩ
耐压试验后	0	>200GΩ	>200GΩ

在对设备耐压试验，串联谐振耐压装置跳闸后，重新进行耐压试验，A 相间隔绝缘电阻为 0，说明 A 相有接地点。

综合上述两项试验情况可以断定，3 号主变 220kV 进线侧避雷器 A 相在耐压试验前就存在绝缘缺陷，但是并不严重，在额定运行电压下可以持续运行，不会击穿。因此普通绝缘电阻表的测试电压只有 2500V，无法检测出绝缘缺陷，但是在经过高于额定电压的耐压试验后，放电通道加剧发展被击穿，导致绝缘电阻变为 0。

由此可以确定，220kV 3 号主变 220kV 进线侧 A 相避雷器气室内有设备存在缺陷，从而在耐压试验过程中发生放电击穿。

3　隐患处理情况

确定放电气室后，变电运检室立即制定方案，决定对 A 相避雷器气室进行开罐检查。12 月 21 日晚上检修人员和生产厂家打开 A 相避雷器气室后发现盆式绝缘子发生放电损坏，如图 24-1 所示。

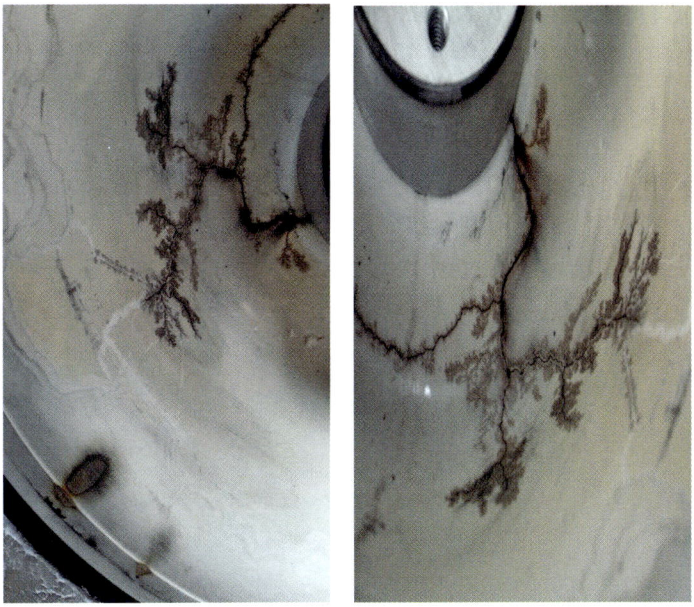

图 24-1　A 相避雷器气室被损坏的盆式绝缘子

某公司立即联系生产厂家寄来全新盆式绝缘子，对损坏的绝缘子进行了更换，如图 24－2 所示。

图 24－2　检修人员更换盆式绝缘子

12 月 23 日，试验人员再次对更换绝缘子后的 3 号主变 220kV 进线侧 A 相避雷器气室进行耐压试验，试验电压 138kV，耐压时间 1min，试验合格。

4　经验体会

（1）在 GIS 中，盆式绝缘子是个很重要的绝缘部件，除固定母线及母线的插接式触头外，盆式绝缘子还起到母线对地或者相间绝缘的作用。本次盆式绝缘子缺陷若未及时发现，在送电冲击过程中或者投运一段时间后将发生严重故障，严重影响电网安全稳定运行。

（2）通过交流耐压试验可以发现很多绝缘缺陷，可以鉴定电气设备的耐电强度，判断电气设备能否继续运行。交流耐压试验是检测电气设备绝缘水平，避免发生绝缘事故的重要手段。

案例 25　110kV GIS 内置避雷器超声波局部放电检测分析

1　案例经过

2017 年 10 月 17 日，变电检修室电气试验人员对 110kV 某站进行带电检测，对 110kV 组合电器进行超声局放检测时，发现 110kV 某线 112 C 相避雷器存在明显的放电信号，信号强度较大。110kV 某站 110kV 组合电器设备型号为 LW－126；组合电器设备配套避雷器型号为 Y10WF5－100/260。因组合电器绝缘盆子为全金属屏蔽，无法进行特高频局放检测及特高频时差法定位。

2017 年 11 月 8 日、12 月 18 日、12 月 20 日分别对该避雷器进行复测，异常信号有明显增强趋势，判断内部震动更为剧烈，悬浮放电更为严重，需立即停电检修。变电检修室将此缺陷上报运维检修部。

2017 年 12 月 25 日，对 110kV 某线 C 相避雷器停电解体检查，发现如下问题：蘑菇头内六角螺栓未紧固、避雷器导体上有分解物附着、发现该避雷器导体未拧到底。上述问题现场无法解决，对 110kV 某线 C 相避雷进行了返厂处理。

2　检测分析方法

（1）2017 年 10 月 17 日，变电检修室电气试验人员对 110kV 某站进行带电检测，采用局放检测仪 T90 对 110kV 组合电器进行超声波局放检测时，发现 110kV 某线 C 相避雷器存在明显的放电信号，信号强度较大。靠近能听到内部有明显“吡吡声”。随即对该避雷器 C 相进行全方位检测，超声波局放异常信号最大区域（见图 25－1）有效值 8.5mV，周期最大值 12.4mV（背景信号有效值 0.5mV，周期最大值 0.7mV）；50Hz 及 100Hz 相关性均有信号，且 100Hz 相关性大于 50Hz 相关性（见图 25－2），相位模式下聚集效应不明显，但在一个工频周期内近似表现为双峰（见图 25－3），判断为悬浮放电特征。与典型悬浮放电特征信号比较，聚集效应不明显，分析认为是由悬浮放电过程中伴随的机械振动信号导致。沿避雷器向下，远离信号最大部位，超声波信号逐渐减小，见图 25－4。

检测过程中，第一次异响持续时间 5min 左右后消失，间隔 10min 左右后异响重新出现，持续大概 10min 后异响消失。检测人员汇报后，继续等待 1h 一直未再出现。无异响情况下，测试超声波信号无异常。

该站盆式绝缘子为全金属屏蔽，无法进行特高频局放检测。

图 25-1 超声波局放信号最大区域

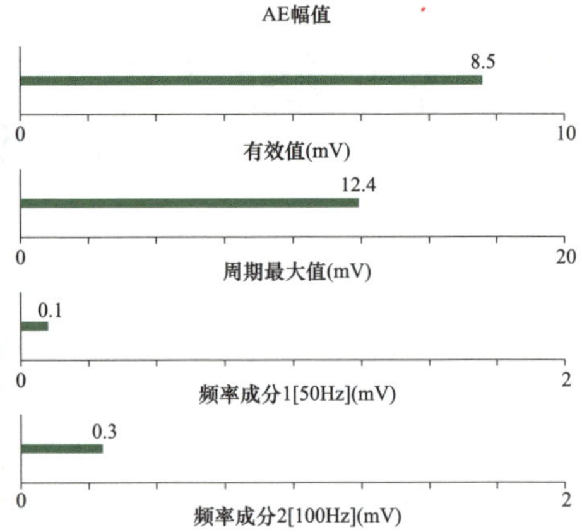

图 25-2 超声波局放检测连续模式图谱

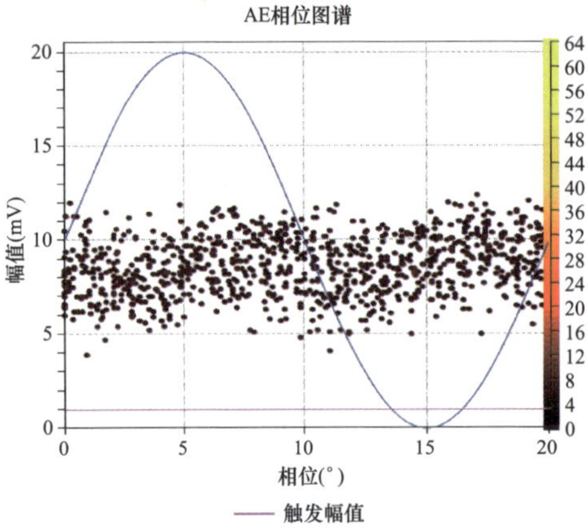

图 25-3 相位模式图谱

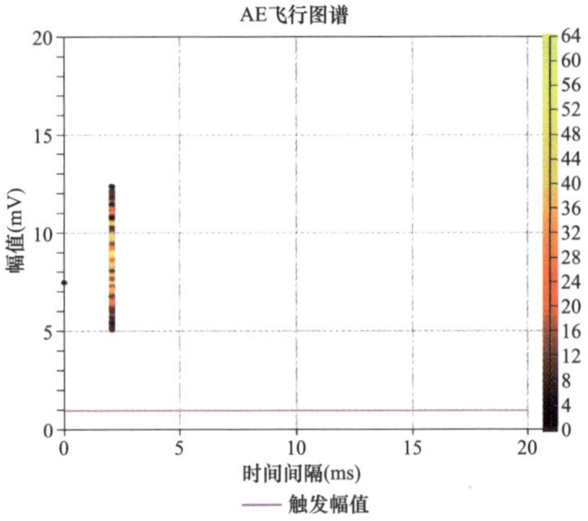

图 25-4 飞行图谱

（2）2017 年 11 月 8 日，对该避雷器进行复测。

超声波局放异常信号最大区域（见图 25-5）有效值 8.6mV，周期最大值 13.9mV，（背景信号有效值 0.5mV，周期最大值 0.7mV）；50Hz 及 100Hz 相关性均有信号，且 100Hz 相关性大于 50Hz 相关性（见图 25-6），相位模式下聚集效应不明显，但在一个工频周期内表现为双峰（见图 25-7），判断为悬浮放电特征，见图 25-8。

（3）2017 年 12 月 18 日，对该避雷器进行复测。

超声波局放异常信号最大区域（见图 25-9）有效值 9.5mV，周期最大值 14.3mV（背景信号有效值 0.5mV，周期最大值 0.7mV）；50Hz 及 100Hz 相关性均有信号，且 100Hz 相关性大于 50Hz 相关性（见图 25-10），相位模式下聚集效应不明显，但在一个工频周期内表现为双峰（见图 25-11），判断为悬浮放电特征，见图 25-12。

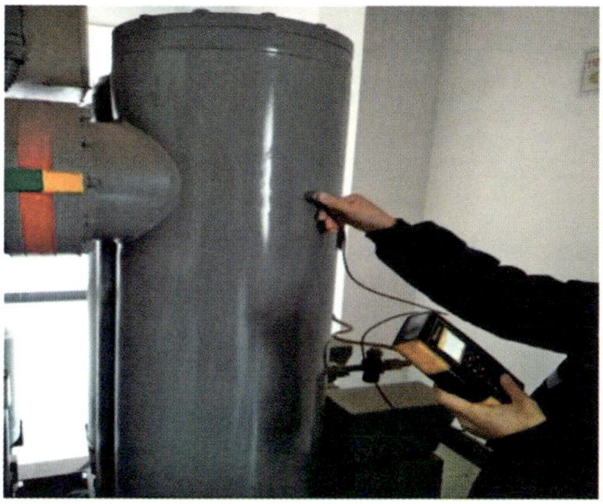

图 25-5 超声波局放信号最大区域

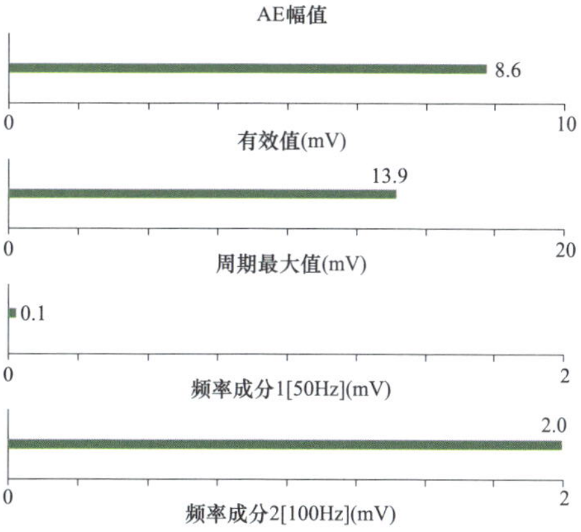

图 25-6 超声波局放检测连续模式图谱

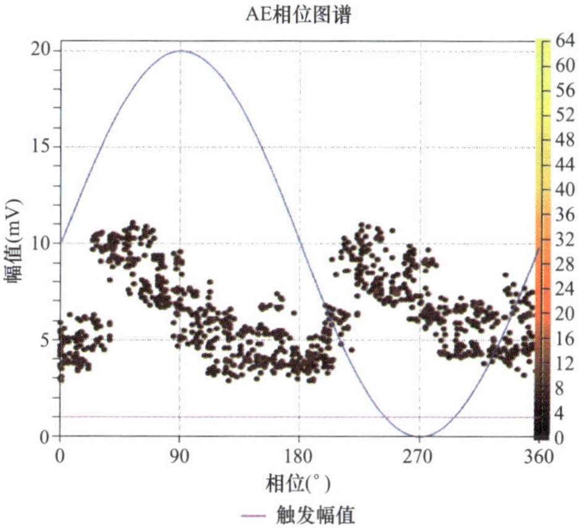

图 25-7 相位模式图谱

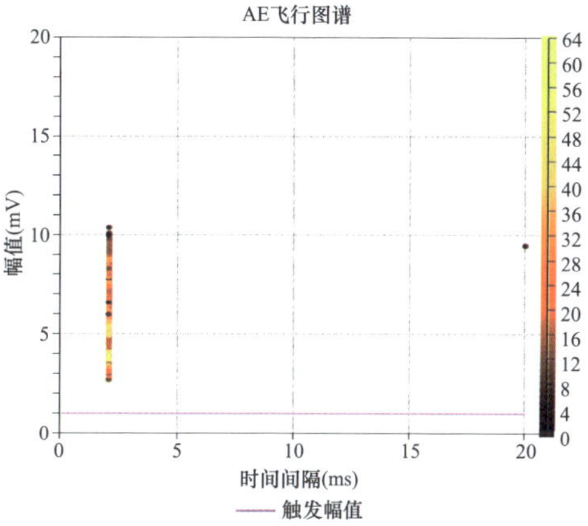

图 25-8 飞行图谱

图 25-9 超声波局放信号最大区域

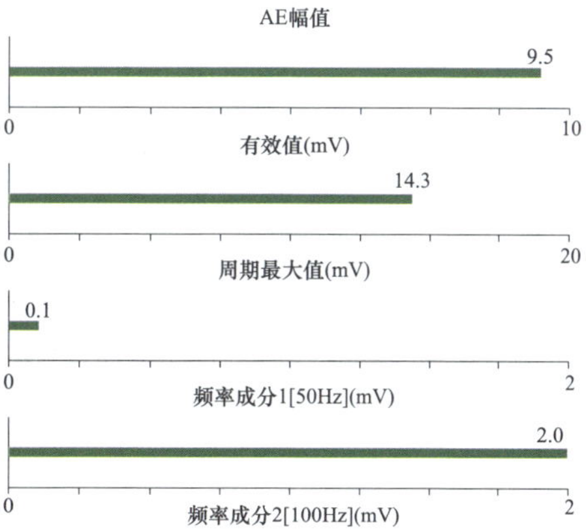

图 25-10 超声波局放检测连续模式图谱

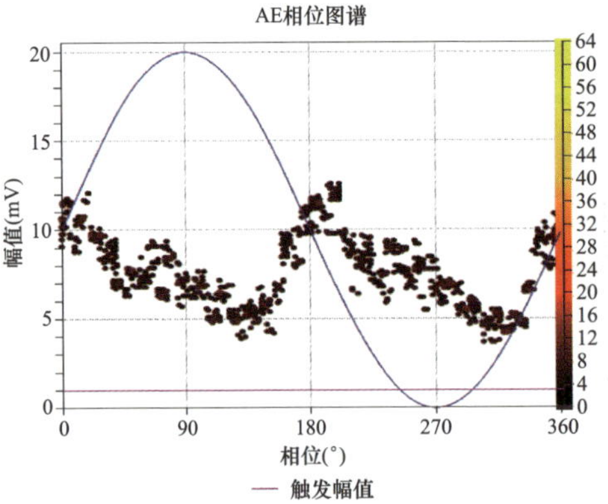

图 25-11 相位模式图谱

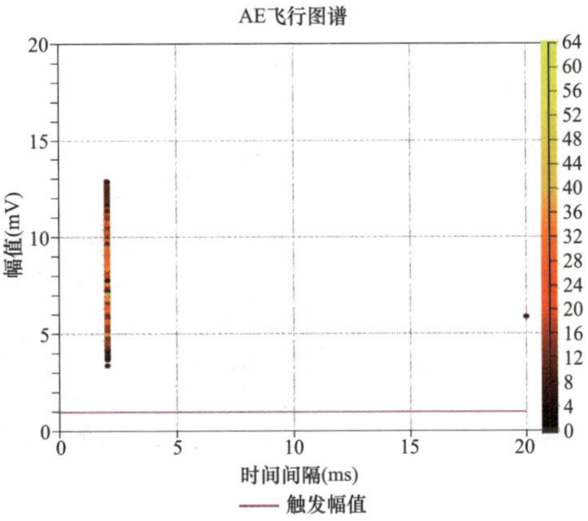

图 25-12 飞行图谱

（4）2017 年 12 月 20 日，再次对该避雷器进行复测。

超声波局放异常信号最大区域（见图 25-13）有效值 10mV，周期最大值 15.1mV（背景信号有效值 0.5mV，周期最大值 0.7mV）；50Hz 及 100Hz 相关性均有信号，且 100Hz 相关性大于 50Hz 相关性（见图 25-14），相位模式下聚集效应不明显，但在一个工频周期内表现为双峰（见图 25-15、图 25-16），判断为悬浮放电特征。

图 25-13 超声局放信号最大区域

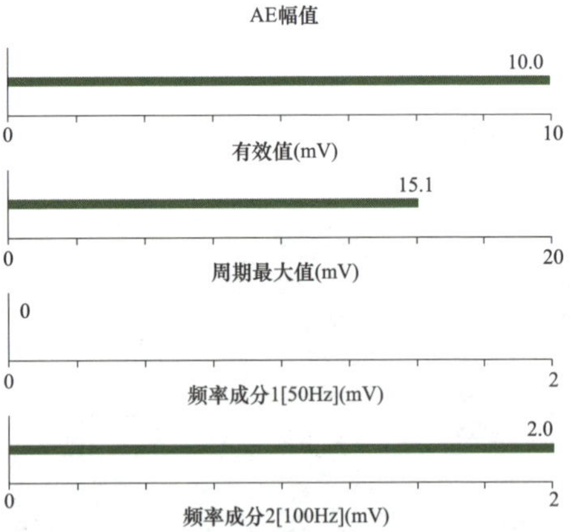

图 25-14 超声波局放检测连续模式图谱

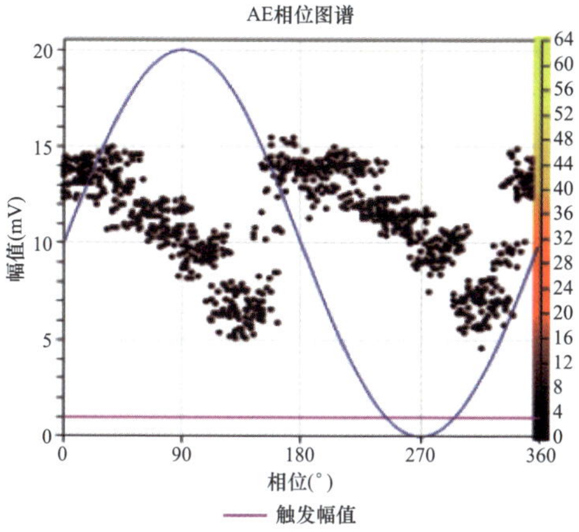

图 25-15 相位模式图谱

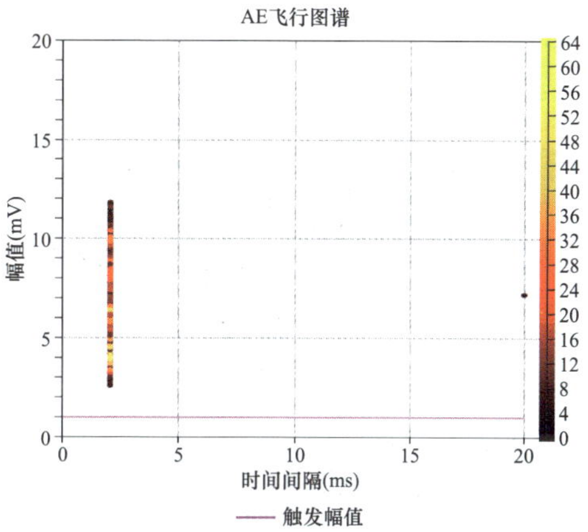

图 25-16 飞行图谱

对比四次检测数据，异常信号有明显增强趋势，判断内部震动更为剧烈，悬浮放电更为严重，需立即停电检修。

（5）2017 年 12 月 25 日，变电检修二班开具变电站第一种工作票，对 110kV 某线 C 相避雷器停电解体检查。检查结果如下：

1）避雷器壳体内有分解物附着（见图 25-17）；

2）避雷器导体上有分解物附着（见图 25-18）；

图 25-17 避雷器壳体内附着的分解物

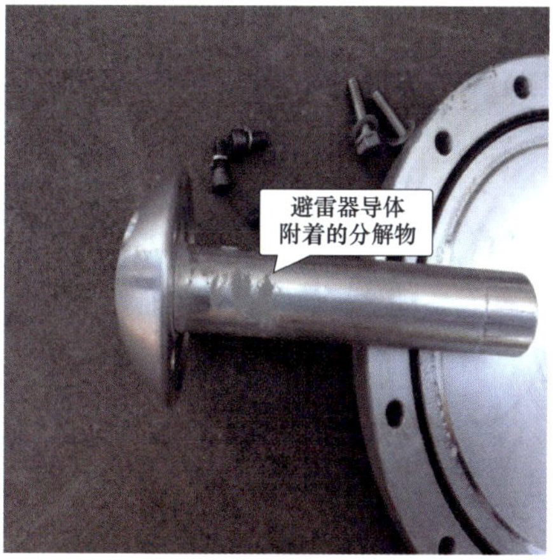

图 25-18 避雷器导体上附着的分解物

3）避雷器导体与蘑菇头连接松动（见图 25-19）；

4）避雷器蘑菇头处内六角螺栓未紧固（见图 25-20）。

放电原因分析：对该避雷器解体时发现导电杆与均压盖连接不紧，且有大量氟化物粉尘附着。故障原因应为设备安装时，未能将导电杆紧固到底，在设备长时间运行的震动下，导致均压盖与导电杆顶部连接位置形成间隙放电，进而出现震动、异响现象。该问题应归类于严重缺陷，无法继续长时间运行，需立即处理。

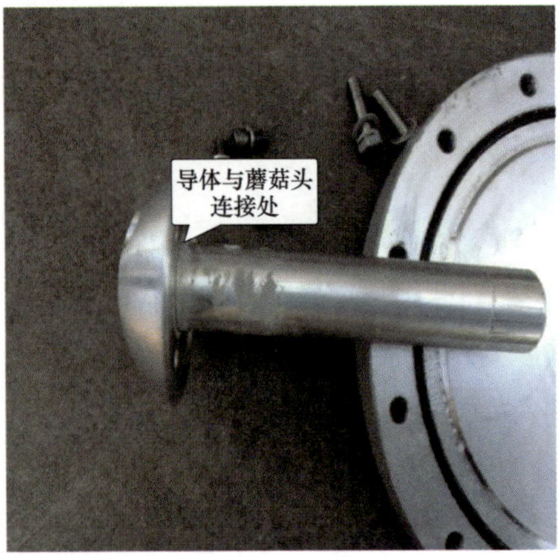

图 25-19　避雷器导体与蘑菇头连接松动

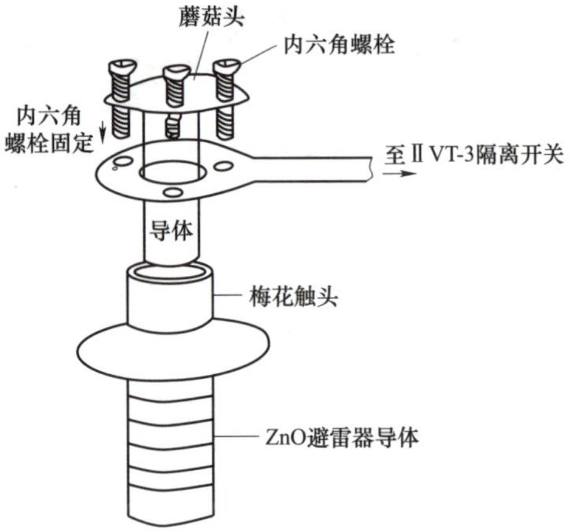

图 25-20　避雷器蘑菇头内六角螺栓未紧固

上述问题现场无法解决。该避雷器长期放电，在气室内积聚了大量 SF_6 分解物粉末，现场无法彻底清理，将该问题上报运检部后决定对该避雷器进行返厂处理。

3　隐患处理情况

2018 年 1 月 23 日上午，放电避雷器经过返厂维修后到达 110kV 某变电站现场，变电检修室组织检修人员于当日对其进行恢复安装。

2018 年 2 月 3 日，进行微水试验、包扎检漏以及避雷器的老炼试验。试验顺利通过，送电成功。

设备送电后，进行了带电检测复测，无异常。

4　经验体会

（1）超声波局放检测技术对检测 GIS 内部放电缺陷有很高的灵敏度，并能确定内部放电的大致位置，以便准确分析放电原因，便于检修处理。但局放信号的分析和判断需要检测人员具备一定的经验，现场检测人员需熟悉典型的故障缺陷放电图谱。在检测过程中发现的故障图谱，要注意保存、积累和总结，以便对今后的局放检测工作起到参考作用。

（2）对同型号同批次的设备应加强带电检测与巡视工作。

案例 26　110kV GIS 内置避雷器自由颗粒放电检测分析

1　案例经过

110kV 某变电站 110kV GIS 型号为 Y10WF5－102/266，出厂时间为 2016 年 10 月，2017 年 8 月投入运行。

2018 年 6 月 28 日，某供电公司电气试验班对 110kV 某站 110kV 某线 07 开关线路避雷器进行带电检测时，发现异常声响。在 110kV 某线 07 开关线路避雷器气室检测到幅值分散，相位分布特征不明显的异常特高频信号，最大幅值 49dB，具有自由颗粒放电特征。采用幅值法和时间领先法确认该放电应来自于设备内部，随后对该气室采用超声波局放检测和湿度、分解物检测。连续模式下最大检测峰值达 51mV，有一定程度的 50Hz 和 100Hz 相关性。且数据不稳定，不断波动。脉冲模式下可见明显三角驼峰状图谱，水分、分解物检测正常。综上，判定该处气室内部应存在自由颗粒放电。工作人员立即报告专业室，专业室根据放电严重程度，决定结合停电计划，对 110kV 某线 07 开关线路避雷器气室进行停电检修。变电检修一班协同厂家人员来到某变电站进行处理。作业人员经过气体回收、拆除旧避雷器、安装新的避雷器、抽真空、注气等流程，成功处理了该问题。处理后设备运行良好无异常。

2　检测分析

（1）特高频局放检测。检测时，首先测试并记录背景值，检测背景有轻微底噪，最大 10dB，如图 26－1 所示。然后对该间隔进行检测，将传感器放置于盆式绝缘子上，检测图谱如图 26－2 所示。

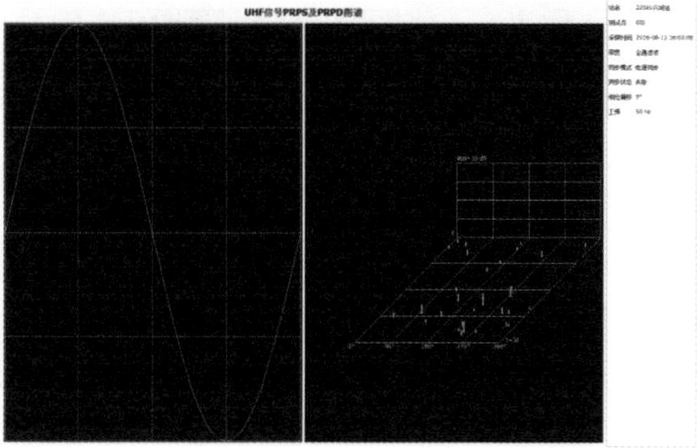

图 26－1　特高频局放检测背景图谱

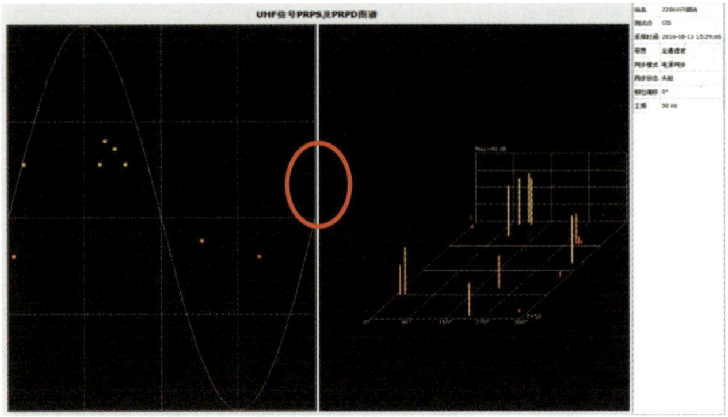

图 26-2　特高频局放检测 PRPS、PRPD 图

由检测图谱可知，该信号幅值较为分散，相位分布没有明显规律。与背景相比，信号有明显增大，通过幅值法和时间领先法确认该信号来自该气室内部。时间领先法示波器图谱如图 26-3 所示。其中，通道 1 信号为放置于设备外部的传感器获取信号。通道 2 信号为放置于盆式绝缘子上的传感器获取信号。使用 PMDT 公司局放定位系统对该处进行特高频复测，仍出现具有自由颗粒放电特征的图谱，检测结果一致。

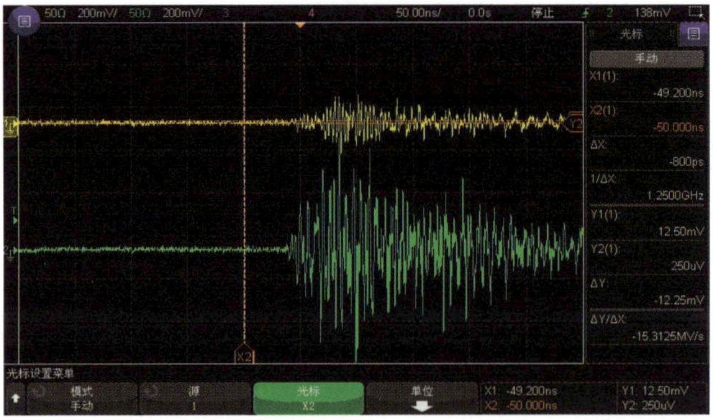

图 26-3　时间领先法示波器图谱

特高频局放检测时，空气背景轻微底噪，证明空间中没有发现异常特高频局放信号。将传感器靠近被测气室的盆式绝缘子时，可见幅值较分散，相位分布不明确的异常放电信号。幅值法可初步判定该信号应为 GIS 内部发出。采用时间领先法，将一传感器置于外部、另一传感器置于盆式绝缘子，以该传感器为圆心，外部传感器 360° 做圆周运动，对比两传感器接收信号的时序。放置于盆式绝缘子的传感器接收信号始终领先与外部的传感器，因此，综合幅值法和时间领先法可确定该气室内部存在局部放电现象，放电类型为自由颗粒放电。

（2）超声波局部放电检测情况。为进一步确认该缺陷存在，采用超声波局放检测对该气室进行复测验证。连续模式下检测图谱如图 26－4 所示。有效值最大峰值 51mV，50Hz 相关性 7.7mV、100Hz 相关性 7.4mV，检测时，数据呈现随机性跳动现象。脉冲模式下，呈现典型的三角驼峰图谱，如图 26－5 所示。因此，超声波局放检测结果可判断该缺陷类型为自由颗粒放电。

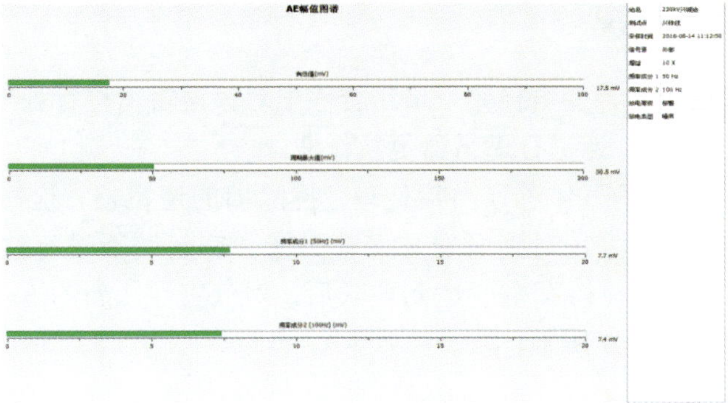

图 26－4　连续模式检测图谱

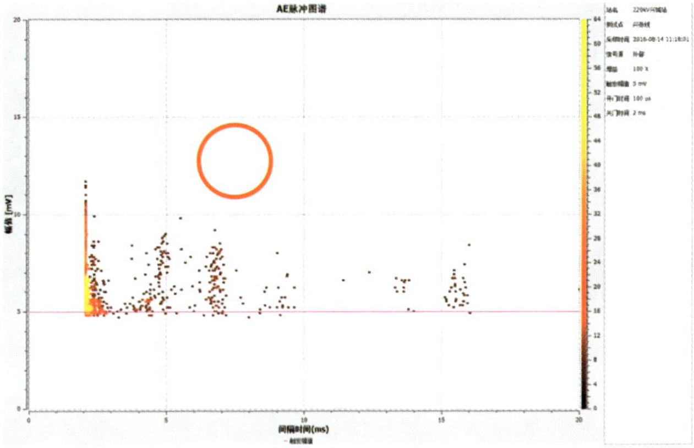

图 26－5　脉冲模式检测图谱

（3）SF_6 湿度及分解物检测情况。对 110kV 某线 07 开关线路避雷器气室进行 SF_6 气体微水及成分检测，结果见表 26－1。

表 26－1　110kV 某线 07 开关线路避雷器气室 SF_6 气体微水及成分检测结果　μL/L

环境温度：27℃				相对湿度：71%	
气室名称	SO_2	H_2S	CO	相对湿度	备注
110kV 某线 07 开关线路避雷器气室	0.0	0.0	7.5	97%	

SF_6气体微水及成分检测合格，测前测后表压均为0.42MPa。自由颗粒放电具有声信号和电信号共存的特点。在以碰撞产生的声信号为主的前提下，局放放电量较小，即使存在放电产生的SO_2、H_2S等气体，存在无法达到仪器最小检测限的情况。因此，虽然气体湿度和分解物检测结果正常，但不能排除内部没有局部放电的可能。

3 隐患处理情况

2018年9月5日，变电检修一班结合停电对该避雷器进行处理，联系厂家发来新的避雷器及其配件，进行避雷器更换作业。

首先对避雷器内的气体进行回收处理，拆除旧的避雷器，检修人员随后将新避雷器进行安装作业。在对接面安装好密封圈、密封胶后进行法兰对接作业，随后进行抽真空处理。待真空度达到要求后，对气室注入新的SF_6气体。现场作业如图26-6～图26-9所示。

图26-6 拆除旧避雷器

图26-7 检查存在问题的避雷器

图26-8 安装新避雷器

图26-9 抽真空、注气

2018 年 9 月 7 日，对该避雷器进行更换作业、送电后，进行特高频及超声波复测，未检测到放电信号。

4 经验体会

110kV 某变电站为某地区 2017 年新建变电站。变电检修室及时发现该缺陷，根据情况进行跟踪分析，总结经验如下：

（1）110kV 某线 07 开关线路避雷器气室存在异常放电现象。幅值分散，相位分布特征不明显的异常特高频信号，超声波局放脉冲模式下可见明显三角驼峰状图谱，具有自由颗粒放电特征。加强设备带电检测，能及时发现设备隐患缺陷，保障设备的稳定运行。

（2）特高频局部放电检测能及时发现设备内部存在的异常缺陷，在设备未发生击穿前及时处理，可保障设备稳定可靠运行。

案例 27 220kV GIS 内置避雷器红外检漏分析

1 案例经过

某供电公司 220kV 某站 220kV 避雷器为 Y10WF1－204/532 型组合电器内金属氧化物避雷器，2011 年 11 月投运。2015 年 12 月 21 日，某供电公司变电检修室电气试验班人员在对 220kV 某站进行 GIS 带电测试时，使用 SF_6 红外热像检漏仪对 220kV GIS 的过程中，发现 220kV 某间隔 B 相避雷器壳体上有烟雾状气体向空气中成股喷出，气流较大，在高灵敏度检测模式下清晰可见。经过反复测量，确认为 B 相避雷器罐体焊缝处漏气。

2 检测分析

2015 年 12 月 21 日，电气试验人员对 220kV 某变电站进行 GIS 带电检测。在 220kV 某间隔 B 相避雷器进行 SF_6 红外热像检漏时，发现试验仪器屏幕显示有烟雾状气体向空气中成股喷出，气流较大，在高灵敏度检测模式下清晰可见，检测人员通过变换测试角度、背景，改变测试模式（普通/高灵敏），对漏点进行精确定位，最终确定该漏气点位于 B 相避雷器罐体中部防爆膜焊缝处（详细位置及图谱见表 27－1），该间隔其他部位未检测到异常。

表 27－1 SF_6 红外检漏异常数据

间隔	位置
220kV 某间隔	B 相避雷器中部防爆膜焊缝处有砂眼漏气
红外图片	可见光照片
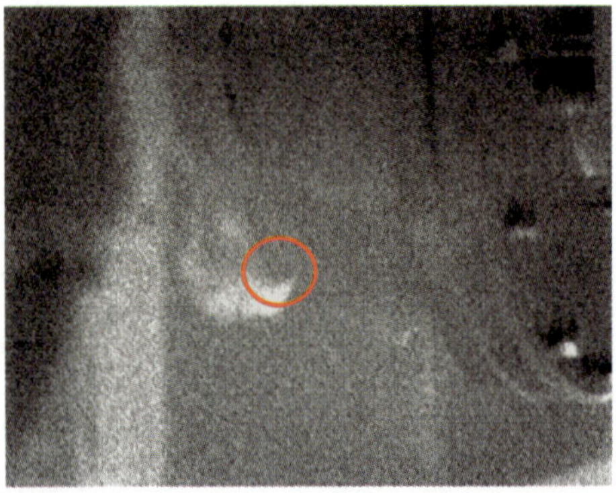	

续表

录制视频文件截图
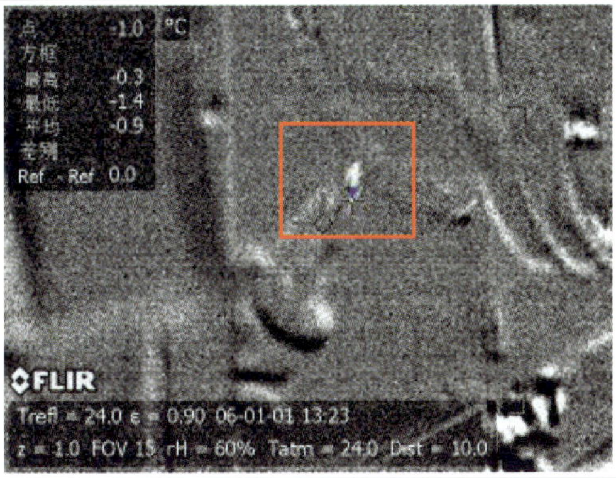

经确认，该气室历史测试中 SF_6 气体湿度及分解物检测结果均正常，现场实测微水和分解物也均正常，见表 27－2。

表 27－2　　B 相避雷器气室微水和分解物数据　　μL/L

试验时间	气室压力（MPa）	微水值	H_2S	SO_2	CO
2015.12.21	0.48	79	0	0	12.7
2014.8.8	0.49	87	0	0	11.3
2013.7.30	0.50	77	0	0	11.7

检测人员经多次测量对比，确认测量结果无误，经询问运维人员确认该避雷器气室压力一直在降低。现场查看该气室压力：0.48MPa，正常气室压力：0.52MPa，如图 27－1 所示，随即将情况详细记录并上报。

图 27－1　某 B 相避雷器压力与正常气室压力对比

3 隐患处理情况

2016 年 3 月 1 日，变电检修一班利用春检停电机会对该间隔 B 相避雷器进行整体更换。随后，电气试验班对新更换的避雷器进行了红外检漏、微水、分解物测试和耐压试验，试验结果合格、未发现漏气现象，缺陷消除，见表 27－3、图 27－2、图 27－3。

表 27－3　　B 相避雷器气室微水和分解物数据（耐压前后）

试验时间	气室压力（MPa）	微水值（μL/L）	H_2S（μL/L）	SO_2（μL/L）	CO（μL/L）
2016.3.1（耐压前）	0.52	56	0	0	2.3
2016.3.1（耐压后）	0.52	57	0	0	2.7

图 27－2　厂家和检修班组对 B 相避雷器进行整体更换

图 27－3　试验班人员对更换后的避雷器进行耐压试验

4 经验体会

（1）SF_6 气体红外热像检漏工作可以在设备运行的情况下，可准确发现充气式设备的漏气问题。在工作中应重点检查各部位连接处，排除隐患。

（2）气室压力的变化、设备历次补气记录是发现设备是否漏气的重要依据，在平时工作中要注意对气室压力、补气时间的记录，及时分析查找压力变低、补气过频的气室，从而进行针对性检漏。

（3）红外检漏需要有微风吹动泄漏的 SF_6 气体才能更准确地发现漏气。针对某 GIS 设备均为室内设置的弊端，建议在室外风力较大时，打开 GIS 室的门窗，尽量增大室内空气流动的速度，以方便检测。

第 5 篇　其他异常案例

案例 28　220kV 避雷器防爆槽裂纹缺陷检测分析

1　案例经过

220kV 某变电站 220kV 某线路避雷器型号为 YH10W－204/532，2009 年 4 月投入运行。2016 年 5 月 8 日，电气试验人员在进行某线路间隔停电例行试验时，发现 B 相避雷器存在异常情况。在试加直流高压过程中，未加至 1mA 电流便发生设备跳闸情况。经过多次反复试验，失压情况一直存在，且跳闸电压不稳定。随后更换了试验仪器并重新检查试验回路接线，对避雷器表面污秽进行擦拭，重新试加直流高压，跳闸现象始终存在；A、C 两相避雷器及 B 相避雷器下节采用同样两台直流高压发生器进行试验，均无异常状况，试验数据合格。查阅该避雷器历史试验数据，暂无异常状态信息。现场工作人员将该情况汇报车间及市公司运检部，经讨论分析后，决定对该避雷器进行更换。5 月 9 日，检修人员从备品库找到同型号避雷器，对 B 相整支进行了更换；随后进行直流高压等试验项目，数据正常，无失压现象发生。送电后对三相避雷器进行了红外测温和阻性电流测试，结果合格。拆除的 B 相避雷器拉回试验室后，试验人员对上节试加运行电压，15min 进行红外测温，发现上节避雷器在第 5 个伞裙至第 10 个伞裙之间存在明显过热点，温差达到 2.6K，属典型电压致热型缺陷。对避雷器进行解体检查发现，其内部防爆槽处有一明显裂痕，正好对应红外发热部位，验证了避雷器缺陷的存在。变电检修试验人员通过精心的停电例行试验工作，及时发现 220kV 避雷器重要缺陷并及时消除，有效避免了设备故障及电网跳闸事故的发生。

2　检测分析

根据月度停电计划安排，220kV 某变电站 220kV 某线路间隔于 5 月 8 日停电进行检修试验工作。试验人员在进行避雷器直流高压试验过程中，发现 B 相避雷器屡次出现失压跳闸情况。经过多次反复试验，失压情况一直存在，且跳闸电压不稳定，在 130kV 至 150kV 直流电压范围内失压情况较明显，如图 28－1 所示，但直流泄漏电流并未达到 1000μA。多次试验过程中，个别时候也可加压至 157kV，直流泄漏电流可达 1000μA，但仅能保持 1mA 直流电压数秒后便失压跳闸。

为了排除避雷器外观、仪器误差以及周围环境的干扰，试验人员对避雷器表面污秽进行了充分擦拭，并将导线引下线等周围物体更远距离隔离，随后采用了 ZGS－300/2F 型与 RXZGF－300kV 型两套直流高压发生器轮流对 B 相避雷器加压试验，如图 28－2 所示，失压跳闸情况依然存在，并无明显改观。重新进行 A、C 两相避雷器及 B 相避雷器下节加压试验，均无异常状况，试验数据合格。

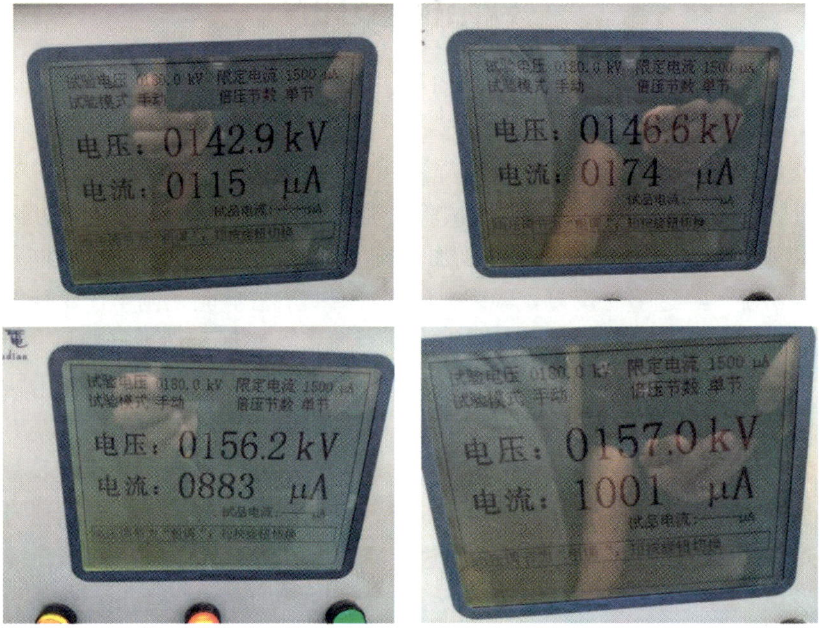

图 28－1　失压跳闸时的直流电压及电流情况

图 28－2　避雷器直流高压试验现场

查阅该避雷器历史试验数据，暂无异常状态信息。2 月份阻性电流带电测试时，全电流及阻性电流较往年无明显增长，同时三相之间测试数据基本一致，见表 28－1。3

月份红外测温中未见明显发热状况，如图 28－3 所示，避雷器运行状态良好。

表 28－1　　　　2 月份避雷器阻性电流测试情况

测试日期：2016 年 2 月 16 日					天气：晴　温度：15℃					相对湿度：40%	
A 相				B 相				C 相			
电压（kV）	I_X（μA）	Φ（°）	I_{rp}（μA）	电压（kV）	I_X（μA）	Φ（°）	I_{rp}（μA）	电压（kV）	I_X（μA）	Φ（°）	I_{rp}（μA）
60.27	616	84.57	82	60.24	544	84.68	71	60.26	564	84.67	74

图 28－3　3 月份红外测温图

综合分析历史数据及现场测试结果，试验人员将该情况汇报车间及市公司运检部，经讨论分析后，决定对该避雷器进行更换。

3　隐患处理情况

（1）现场避雷器更换。5 月 9 日，检修人员从备品库找到同型号避雷器，并在试验室检验合格，随后运送现场将 B 相避雷器整支进行了更换，如图 28－4 所示。

新安装避雷器就位后（见图 28－5）重新进行直流高压等试验项目，数据正常，无失压现象发生。

（2）试验室试加运行电压试验。现场工作结束后，试验人员将拆除的 B 相避雷器拉回试验室，采用单相试验变压器对上节试加运行电压（见图 28－6）；15min 后进行红外测温，发现上节避雷器在第 5 个伞裙至第 10 个伞裙之间存在明显过热点，温度达 25.0℃，其他正常部位温度为 22.4℃，温差达到 2.6K，如图 28－7 所示。根据 DL/T 664—2010《带电设备红外诊断应用规范》电压致热型缺陷诊断标准，氧化锌避雷器本体温差达到 0.5K 及以上即为异常状态，该避雷器发热情况属于典型电压致热型缺陷。

图 28－4　现场更换 B 相避雷器

图 28－5　新安装避雷器现场试验

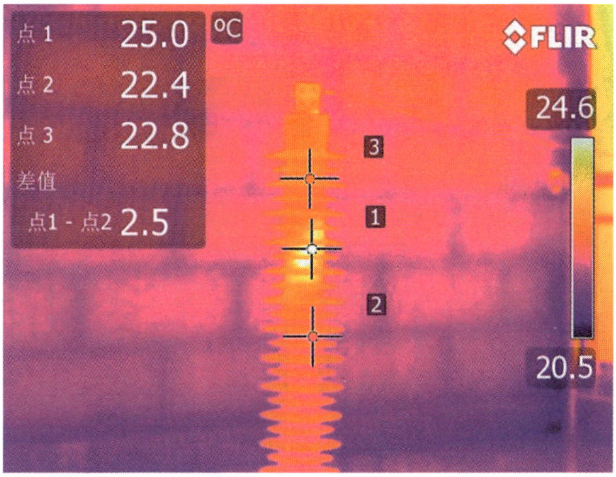

图 28-6　上节避雷器试加运行电压后红外测温情况

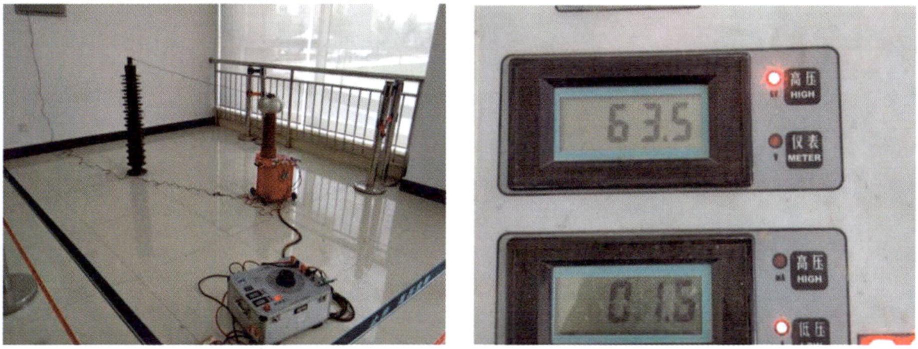

图 28-7　避雷器试验室内加压试验

（3）避雷器解体检查。为了进一步查明缺陷情况并分析原因，应某公司要求，变电检修室将该上节避雷器寄回厂家进行了解体检查。

在避雷器解体试验前，首先进行了直流高压试验和运行电压加压试验，如图 28-8、图 28-9 所示。在多次试验过程中，当电压升至 130kV 左右时避雷器会出现放电声音，从声音上判断放电部位应出现在避雷器内部上半部分，每次放电均会导致避雷器测试设备过流保护，且并非每次试验过程会有放电现象。

随后进行避雷器复合绝缘外套憎水性能测试，憎水性仍然非常可靠；检查复合绝缘外套的黏结情况，硅橡胶外套与芯棒仍保持很高强度的黏结，均未明显异常情况。

去掉硅橡胶外套后进行芯棒试验，试验情况与成品试验现象一致，在多次试验过程中，当电压升至 130kV 左右时避雷器会出现放电声音，且放电部位位于避雷器内部上半部分。

图 28-8　解体前试验

图 28-9　去掉硅橡胶外套后加压试验

去除避雷器上法兰后，垫块表面没有任何脏污情况；去除定位销后，内部弹簧释放应力，电极管向上弹起，说明避雷器整体依然处于弹簧的应力作用下，基本排除避雷器内部部件接触不良的可能，如图 28－10 所示。

去除避雷器内部部件后发现，避雷器内部防爆槽有一处裂痕，裂痕对应位置为电阻片的上端，如图 28－11 所示。

裂痕位于避雷器上部位，长度大约对应硅橡胶外套第 5 个伞裙至第 10 个伞裙之间范围，如图 28－12 所示，同时也和发热部位吻合，验证了避雷器缺陷的存在。

恢复运行后的避雷器红外测温图谱如图 28－13 所示。

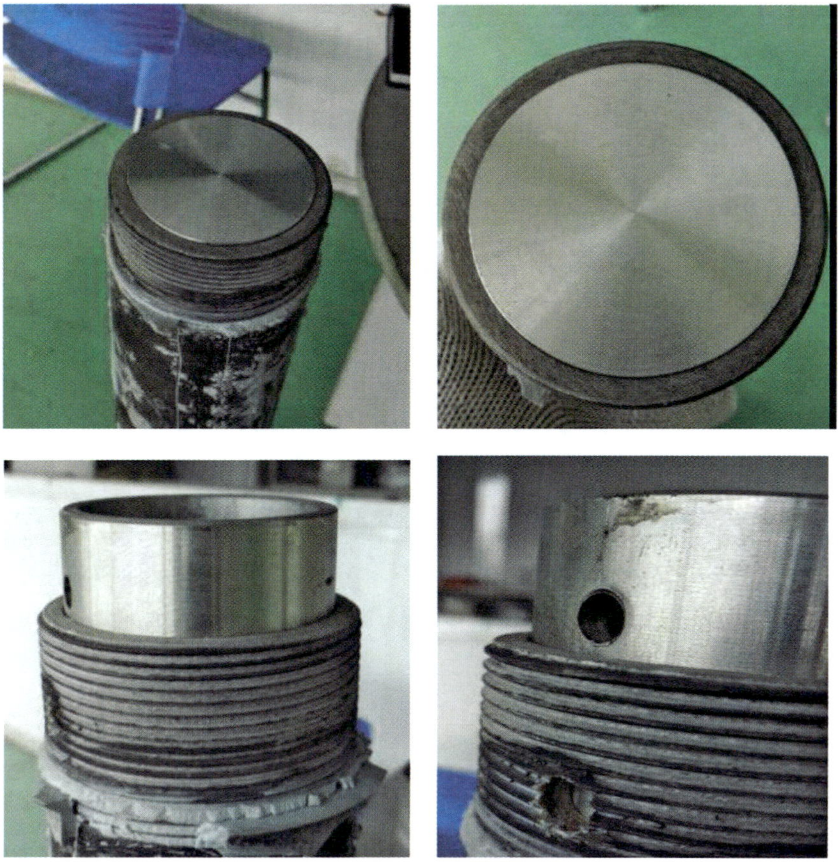

图 28-10　内部部件接触情况检查

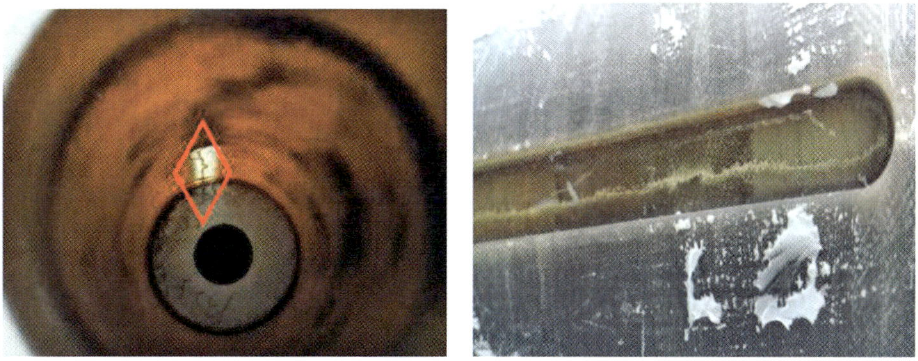

图 28-11　避雷器内部防爆槽存在明显裂痕

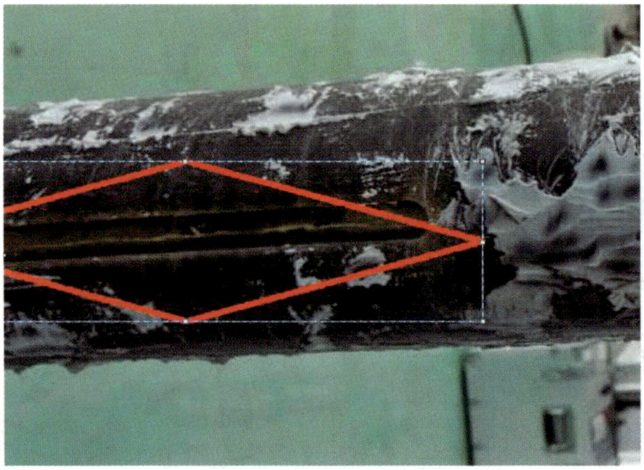

图 28-12 裂痕整体外观

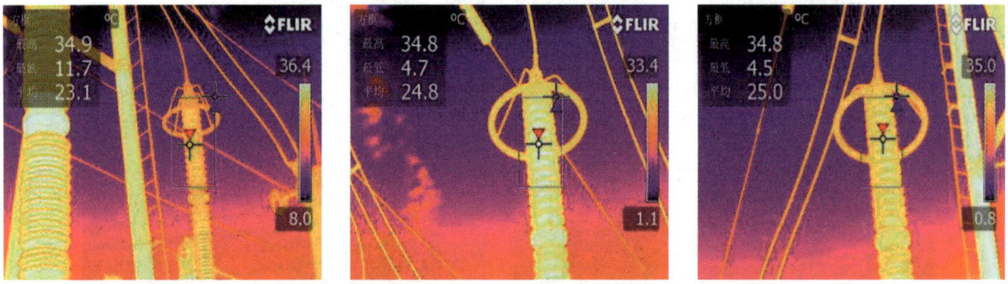

图 28-13 恢复运行后的避雷器红外测温图谱

（4）原因分析。

1）避雷器防爆槽处的裂纹导致避雷器芯棒在局部位置电场强度发生畸变，在局部出现放电导致试验过程中的放电现象。由于放电存在分散性，内部环境可能会存在细微的变化，且放电电压已接近避雷器的 U_{1mA} 电压，所以判断会在一定情况下放电，并非每次试验过程会有放电现象。

2）结合运行时间及近 7 年的预防性试验数据，判断开裂出现在运行中后期的阶段。初步怀疑开裂的原因为内部瞬间有大电流通过，避雷器内部压力瞬间升高，避雷器防爆槽释放内部压力，导致防爆槽出现开裂。这种现象是避雷器防爆槽为了避免不规则的压力释放导致避雷器爆炸而表现出的正常情况，而标准要求 35kV 及以上电压等级的氧化锌避雷器必须具备压力释放装置（防爆槽）。

3）由于防爆槽处裂纹导致的放电会在避雷器内部产生一定的能量，所以避雷器在持续运行电压作用下长时间运行时，放电部位对应的避雷器表面会有一定程度的温度变化，用红外测温能够发现避雷器的隐患部位。

4　经验体会

（1）避雷器直流高压及泄漏电流测试试验是反映避雷器内部阀片等元器件是否受潮、老化或损坏的重要试验项目。在交接及例行试验过程中必须严格执行规程标准，加强试验过程管控，不放过任何小细节和小问题，做到数据准确、结论明确。

（2）红外测温是查找、诊断设备发热缺陷的有效手段，在带电测试及隐患排查工作中发挥着重要作用。在日常巡视、专项特巡及带电测试工作中，应加强红外热像检测。加强红外测温专项技术学习培训，提高测试人员的分析诊断能力。特别是电压致热型缺陷隐匿性强，不易察觉，容易被遗漏，需进行重点强化学习。

（3）红外测温过程中，加强对避雷器、电容型电压互感器、高压套管等电压致热型设备的检测，采用多角度、多方位测试方式，做到检测全面、判断准确。

（4）坚持逢停必检原则，利用停电机会开展绝缘子清扫、防锈处理、螺栓紧固、零部件更换等综合治理工作，保证设备零缺陷投运。

案例29 220kV避雷器在线监测仪电流表卡涩检测分析

1 案例经过

2016年3月1日，电气试验班带电检测小组在对220kV某变电站进行避雷器带电检测过程中发现220kV某线C相避雷器的在线监测器电流表指示不正常，电流指示值0.12mA，其他两相电流指示值0.61mA。试验班人员用钳形电流表测量三相避雷器实际电流均为0.6mA，并用避雷器带电检测仪对三相避雷器进行带电检测，其数据正常。经过分析判断避雷器在线监测仪无异常，电流表指示针摆动不畅、卡涩，需更换新的在线检测仪。

2 检测分析

某站220kV某线避雷器在线监测仪的型号为JCQ3B－Y1型。

2016年3月1日，电气试验班带电检测小组在对220kV某变电站进行避雷器带电检测，发现220kV某线C相避雷器的在线监测器电流表指示不正常，电流指示值0.12mA，如图29－1所示。

其他两相电流指示值0.61mA，如图29－2所示。

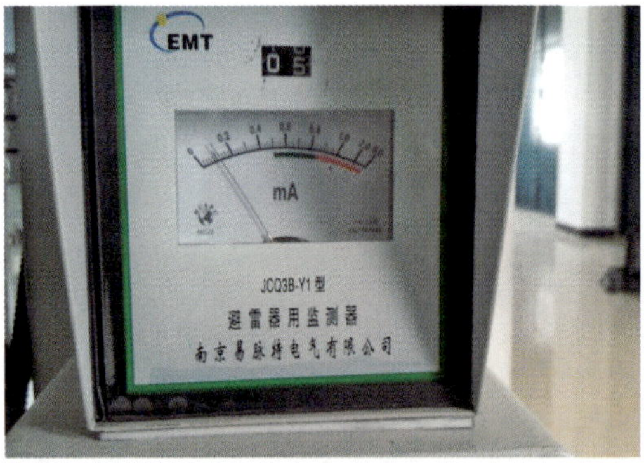

图29－1 C相避雷器的在线监测器电流表

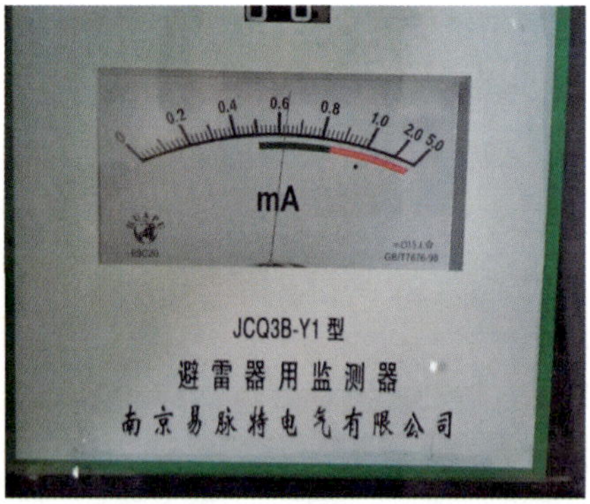

图29－2 其他两相电流

试验班人员初步判断可能是在线监测仪电流表指针卡涩，为了排除在线监测装置的问题，使用进口的高精度钳形电流表对三相避雷器的在线监测仪分别进行了测量，结果显示实际电流为0.6mA，数据正常，如图29－3所示。

图 29-3　利用钳形电流表对三相避雷器的在线监测仪进行测试

试验班人员分析，三相避雷器的实际电流均为 0.6mA，说明三相在线监测装置都是正常的，A 相、B 相电流表指示数值与测量的实际电流数值相等，而 C 相电流表指针指示电流数值与实际测量不同，所以基本判断 C 相电流表指针卡涩，摆动不畅。

随后，试验班人员对三相避雷器进行了带电检测试验，试验结果如图 29-4 所示。

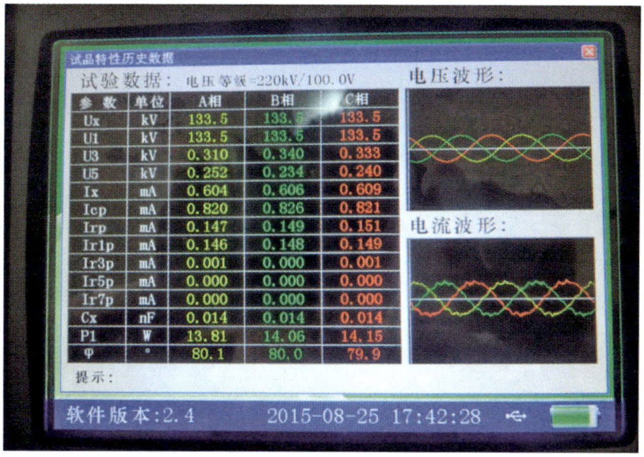

图 29-4　避雷器进行带电检测试验

从带电检测试验结果数据分析，三相避雷器的全电流均为 0.6mA，检测数据合格无异常，避雷器运行正常。经过上述试验并加以分析，判断 C 相避雷器在线监测仪电流表指针卡涩，摆动不畅。

3 月 2 号，检修人员办理第二种工作票将 C 相避雷器在线监测装置进行了带电更换，更换后指针恢复正常。

3 经验体会

（1）金属氧化物避雷器在电网中有着重要的作用，而带电检测对它的运行维护和状态检修工作起着十分重要的作用。带电检测方法简单，测量数据准确，对发现金属氧化物避雷器内部受潮或阀片绝缘老化等故障，发挥着重要的作用。

（2）避雷器在线监测装置是串联在避雷器低压端，用来监测避雷器泄漏电流的变化、动作次数以及报警的设备。此项监测是运维人员用来判断避雷器运行状况最直观的手段，而此装置的正常与否将直接影响到运维人员对避雷器运行状况的判断。

（3）在今后的避雷器带电检测工作中，除了正常的监测外，工作人员要对避雷器整个装置进行检查，确保每一个装置都正常运行。